国家出版基金项目
NATIONAL PUBLICATION FOUNDATION

"无废城市"建设理论与实践丛书

面向"无废"的绿色生活模式探索与实践

牛玲娟　齐海云　耿世刚 编著

清华大学出版社
北京

内 容 简 介

本书系统介绍了"无废城市"建设中公众参与绿色生活模式,涉及相关政策、国际经验、实践途径等,并从机关、社区、学校、商场、宾馆、景区、快递等主要"无废细胞"以及公民个体等方面,阐述公民参与"无废城市"建设的路径,辅以典型案例进行说明,可为"十四五"乃至更长时间我国"无废社会"的建设提供基础资料和借鉴。

本书可供环境管理、"无废城市"建设等领域的高等院校师生和科研院所研究人员及相关技术人员阅读参考。

图书在版编目(CIP)数据

面向"无废"的绿色生活模式探索与实践 / 牛玲娟,齐海云,耿世刚编著.

北京:清华大学出版社,2025.7. -- ("无废城市"建设理论与实践丛书).

ISBN 978-7-302-69609-4

Ⅰ. X705

中国国家版本馆 CIP 数据核字第 20256RT436 号

责任编辑:孙亚楠
封面设计:常雪影
责任校对:赵丽敏
责任印制:丛怀宇

出版发行:清华大学出版社

网　　址:https://www.tup.com.cn,https://www.wqxuetang.com

地　　址:北京清华大学学研大厦 A 座　　邮　　编:100084

社 总 机:010-83470000　　邮　　购:010-62786544

投稿与读者服务:010-62776969,c-service@tup.tsinghua.edu.cn

质量反馈:010-62772015,zhiliang@tup.tsinghua.edu.cn

印 装 者:大厂回族自治县彩虹印刷有限公司

经　　销:全国新华书店

开　　本:170mm×240mm　　印　　张:9.75　　字　　数:186 千字

版　　次:2025 年 7 月第 1 版　　印　　次:2025 年 7 月第 1 次印刷

定　　价:59.00 元

产品编号:109580-01

固体废物治理是生态文明建设的重要内容,是美丽中国画卷不可或缺的重要组成部分。加强固体废物治理既是切断水气土污染源的重要工作,又是巩固水气土污染治理成效的关键环节。党中央、国务院高度重视固体废物污染防治工作,新时代十年以来,针对影响人民群众生产生活的"洋垃圾"污染、"垃圾围城"、固体废物危险废物非法转移倾倒等突出问题,部署开展了禁止"洋垃圾"入境、生活垃圾分类、"无废城市"建设试点、塑料污染治理等多项重大改革,解决了很多长期难以解决的问题,切实增强了人民群众的获得感、幸福感、安全感。

"无废城市"建设是固体废物污染防治的重要篇章。2018年12月,生态环境部会同18个部门编制《"无废城市"建设试点工作方案》,通过中央全面深化改革委员会审议,由国务院办公厅印发实施。生态环境部会同相关部门,筛选确定深圳等11个试点城市和雄安新区等5个特殊地区作为"无废城市"建设试点,各地积极探索和创新工作方法,形成一系列好做法、好经验。在试点基础上,根据《中共中央 国务院关于深入打好污染防治攻坚战的意见》部署要求,2021年12月,生态环境部会同有关部门印发《"十四五"时期"无废城市"建设工作方案》,确定113个城市和8个地区开展"无废城市"建设,"无废城市"建设从局部试点向全国推开迈进。

"无废城市"是以新发展理念为引领,通过推动形成绿色发展方式和生活方式,持续推进固体废物源头减量和资源化利用,将固体废物环境影响降至最低的城市发展模式。开展"无废城市"建设,从城市层面综合治理、系统治理、源头治理固体废物,在突破源头减量不充分、过程资源化水平不高、末端无害化处置不到位等固体废物污染防治瓶颈的同时,有利于改变"大量消耗、大量消费、大量废弃"的粗放生产生活方式,推动形成节约资源和保护环境的空间格局、产业结构、生产方式、生活方式,实现绿色低碳高质量发展。巴塞尔公约亚太区域中心对全球45个国家和地区相关数据的分析表明,通过提升生活垃圾、工业固体废物、农业固体废物和建筑垃圾4类固体废物的全过程管理水平,可以实现国家碳排放减量13.7%~45.2%(平均为27.6%)。

　　开展"无废城市"建设,是党中央、国务院作出的一项重大决策部署,关系人民群众身体健康,关系持续深入打好污染防治攻坚战,关系美丽中国建设。我国"无废城市"建设在推动固体废物减量化、资源化、无害化和绿色化、低碳化等方面取得积极进展,涌现了一大批城市经验和典型。为了全面总结"无废城市"建设的先进经验和典型,宣传和推广"无废城市"建设的中国方案,巴塞尔公约亚太区域中心会同中国环境科学研究院、农业部规划设计研究院、中国科学院大学、中国城市建设研究院有限公司、生态环境部宣传教育中心等单位共同组织编写了"无废城市"建设系列丛书,从国际、工业固废、农业固废、危险废物、生活垃圾、生活方式、典型案例7个方面,阐述不同领域固体废物的基本概念。

　　"十四五""十五五"时期是美丽中国建设的重要时期,也是"无废城市"建设的关键时期。我相信,本丛书的出版会对致力于固体废物管理的工作者及开展"无废城市"建设的地区提供有益借鉴,也希望在开展"无废城市"建设的过程中,大家能够更加紧密地团结在以习近平同志为核心的党中央周围,认真贯彻落实党中央、国务院决策部署,推动"无废城市"高质量建设事业迈上新台阶、取得新进步,推动"无废城市"走向"无废社会",为全面推进美丽中国建设、加快推进人与自然和谐共生的现代化作出新的更大贡献!

清华大学环境学院长聘教授、博士生导师
联合国环境署巴塞尔公约亚太区域中心执行主任

城市是人类生活和工作的重要场所。随着社会和经济的快速发展与城市化进程的加快,公众生活水平迅速提高,生活习惯也随之发生很大改变。人类在生产和生活中必定消耗大量资源,随之也增加了大量的固体废物。不恰当的固体废物管理和处理处置不仅会侵占宝贵的土地资源,还会污染水体、土壤和空气,传播疾病,不仅威胁人的身体健康,还会对生态系统造成破坏。在全球层面,固体废物管理也与气候变化、贫困、粮食和资源安全等全球挑战紧密相连,成为解决人类可持续发展问题的重要方面之一。

我国虽然资源总量丰富,但人均资源占有量远低于世界平均水平,资源粗放利用问题依然突出。同时,固体废物产生量也最大,每年新增固体废物 100 亿吨左右,历史堆存总量高达 600 亿~700 亿吨。一些城市由于固体废物产生量大,出现了严重的"垃圾围城",公众对固体废物处理处置项目的"邻避"效应问题日益突出。

2019 年 1 月,国务院办公厅印发《"无废城市"建设试点工作方案》,提出建设"无废城市"。"无废城市"建设以创新、协调、绿色、开放、共享的新发展理念为引领,通过践行绿色生产方式和生活方式,持续推进固体废物源头减量和资源化利用,将固体废物环境影响降至最低,是一种城市发展模式,也是一种先进的城市管理理念。"无废城市"建设应全面增强生态文明意识,将绿色低碳循环发展作为"无废城市"建设重要理念,推动形成简约适度、绿色低碳、文明健康的生活方式和消费模式,充分发挥社会组织和公众监督作用,形成全社会共同参与的良好氛围。

习近平总书记提出"人民城市人民建"。公众参与是"无废城市"建设的重要力量,应积极引导公众和环保社会组织参与"无废"理念传播和绿色低碳生活实践,养成垃圾分类等良好的生活习惯,凝心聚力营造氛围,让每个公民都成为"无废城市"建设的实践者、助力者与最终受益者。

本书以公众参与"无废城市"建设、共享共建绿色生活为主线,以宜居城市概念、城市环境问题和固体废物管理原则、国际"无废"理念和公众参与实践为出发点,系统介绍了我国"无废城市"理念和目标,梳理了国家赋能"无废城市"建设绿色低碳生活政策体系,探讨了汇聚"无废城市"建设社会力量的途径,以及"无废细胞"建设和"无废"绿色低碳生活公民行动指引,介绍了国家首批"无废城市"建设中公众参与低碳绿色生活典型模式经验。本书内容共包括六章。

第1章——我们的城市。内容包括认识城市、宜居城市、世界城市日及联合国可持续发展城市和社区目标、城市主要环境污染。

第2章——城市固体废物管理。内容包括认识固体废物特性、固体废物处理原则、生活垃圾来源及处置技术、垃圾分类全民齐行动。

第3章——走进"无废"生活。内容包括国际"无废"理念及公众参与、认识我国"无废城市"、"无废城市"离我们有多远?"十四五"期间"无废城市"的建设。

第4章——"无废城市"引领绿色低碳生活。内容包括生活方式绿色转型、"无废城市"绿色低碳生活、绿色低碳生活政策体系赋能"无废城市"建设。

第5章——汇聚"无废城市"建设社会力量。内容包括公众是建设"无废城市"的强大社会力量、"无废"绿色生活社会总动员、赋能和汇集"无废细胞"内生动力、"无废细胞"建设以及"无废"绿色低碳生活公民行动指引。

第6章——"无废城市"绿色生活创新实践。内容包括重庆市、天津市、三亚市、深圳市、威海市、许昌市、瑞金市、杭州市"无废城市"绿色生活创新实践典型模式和取得的成就。

本书编写过程中清华大学巴塞尔公约亚太区域中心提供了一些相关材料,在此表示感谢。

本书采用通俗易懂的语言,集科学性、普及性为一体,深入浅出地向公众传播环保科普知识,提高公众环保意识和科学素质水平,激发公众参与"无废城市"建设热情和行动,为"无废城市"建设发挥作用。由于时间仓促、资源和水平有限,书中难免存在疏漏、偏差和不妥之处,敬请广大读者和同仁批评指正。

目录

第1章 我们的城市 ··· 1

1.1 认识城市 ··· 1

   1.1.1 城市生命共同体 ································· 1

   1.1.2 城市功能 ······································· 2

1.2 宜居城市 ··· 3

   1.2.1 宜居城市的提出 ································· 3

   1.2.2 宜居城市的内涵和标准 ························· 3

1.3 世界城市日及联合国可持续发展城市和社区目标 ······· 5

   1.3.1 世界城市日 ····································· 5

   1.3.2 联合国可持续发展目标之一：可持续城市和社区 ······· 7

1.4 城市主要环境污染 ····································· 8

   1.4.1 大气污染 ······································· 8

   1.4.2 水体污染 ······································· 8

   1.4.3 固体废物污染 ··································· 9

   1.4.4 土壤污染 ······································· 9

第2章 城市固体废物管理 ································· 11

2.1 认识固体废物特性 ····································· 11

2.2 固体废物处理原则 ····································· 13

2.3 生活垃圾来源及处置技术 ······························· 14

   2.3.1 城市代谢产物——生活垃圾 ····················· 14

   2.3.2 生活垃圾处理处置技术 ························· 14

   2.3.3 城市生活垃圾管理新理念 ······················· 17

2.4 垃圾分类全民齐行动 ··································· 20

   2.4.1 什么是垃圾分类？ ······························· 20

   2.4.2 为什么要垃圾分类？ ····························· 20

　　　　2.4.3　如何做好垃圾分类？ ……………………………… 21

　　　　2.4.4　垃圾分类从习惯养成做起 ………………………… 22

　　　　2.4.5　垃圾分类看北京 …………………………………… 23

第 3 章　走进"无废"生活 ……………………………………………… 26

　3.1　国际"无废"理念及公众参与 ……………………………… 26

　　　　3.1.1　国际"无废"理念的缘起 ………………………… 26

　　　　3.1.2　国际机构和组织推动"无废"目标实现 ………… 27

　　　　3.1.3　国际"无废城市"公众参与实践 ………………… 30

　3.2　认识我国"无废城市" …………………………………… 35

　　　　3.2.1　由垃圾围城向"无废城市"转变 ………………… 35

　　　　3.2.2　"无废城市"定义 ………………………………… 36

　　　　3.2.3　"无废城市"是否会产生固体废物 ……………… 36

　3.3　"无废城市"离我们有多远？ …………………………… 37

　　　　3.3.1　建设"无废城市"顶层设计 ……………………… 37

　　　　3.3.2　"无废城市"建设试点探索与实践 ……………… 37

　3.4　"十四五"期间"无废城市"的建设 …………………… 38

　　　　3.4.1　总体目标和重点任务 ……………………………… 38

　　　　3.4.2　"十四五"时期"无废城市"建设名单 ………… 39

第 4 章　"无废城市"引领绿色低碳生活 ………………………… 42

　4.1　生活方式绿色转型 ………………………………………… 42

　　　　4.1.1　绿色生活方式 ……………………………………… 42

　　　　4.1.2　引领推动生活方式绿色化 ………………………… 43

　4.2　"无废城市"绿色低碳生活 ……………………………… 44

　　　　4.2.1　"无废城市"试点绿色生活总要求 …………… 44

　　　　4.2.2　"十四五"时期"无废城市"建设绿色低碳生活总要求 …… 45

　4.3　绿色低碳生活政策体系赋能"无废城市"建设 ………… 47

　　　　4.3.1　绿色生活创建行动 ………………………………… 47

　　　　4.3.2　公共机构绿色低碳转型行动 ……………………… 49

　　　　4.3.3　绿色社区创建行动 ………………………………… 51

　　　　4.3.4　绿色学校创建行动 ………………………………… 52

　　　　4.3.5　绿色商场创建行动 ………………………………… 54

　　　　4.3.6　快递业绿色包装绿色转型 ………………………… 57

　　　　4.3.7　绿色旅游景区管理与服务规范 …………………… 60

　　　　4.3.8　绿色饭店国家标准 ………………………………… 61

　　　　4.3.9　推动绿色餐饮发展 ……………………………………… 62

　　　　4.3.10　绿色家庭创建行动 ……………………………………… 65

　　　　4.3.11　促进绿色消费实施方案 ………………………………… 66

第 5 章　汇聚"无废城市"建设社会力量 ………………………………… 70

　　5.1　公众是建设"无废城市"的强大社会力量 ………………………… 70

　　　　5.1.1　什么是生态环境保护公众参与？ ………………………… 70

　　　　5.1.2　如何推动公众参与生态环境保护？ ……………………… 70

　　　　5.1.3　《公民生态环境行为规范十条》 ………………………… 71

　　5.2　"无废"绿色生活社会总动员 ……………………………………… 73

　　　　5.2.1　吹响"无废"绿色生活集结号 …………………………… 73

　　　　5.2.2　解读和传播"无废城市"新理念 ………………………… 75

　　5.3　赋能和汇集"无废细胞"内生动力 ………………………………… 79

　　　　5.3.1　融入城市社会基层治理 …………………………………… 79

　　　　5.3.2　"无废细胞"建设指引 …………………………………… 80

　　5.4　"无废细胞"建设 …………………………………………………… 80

　　　　5.4.1　"无废机关"建设 ………………………………………… 80

　　　　5.4.2　"无废社区"建设 ………………………………………… 82

　　　　5.4.3　"无废学校"建设 ………………………………………… 84

　　　　5.4.4　"无废商场"建设 ………………………………………… 86

　　　　5.4.5　"无废宾馆"建设 ………………………………………… 87

　　　　5.4.6　"无废景区"建设 ………………………………………… 89

　　　　5.4.7　"无废快递"建设 ………………………………………… 90

　　5.5　"无废"绿色低碳生活公民行动指引 ……………………………… 92

　　　　5.5.1　"零废弃"生活概念 ……………………………………… 92

　　　　5.5.2　国际无废日 ………………………………………………… 92

　　　　5.5.3　践行"无废"绿色生活公民理念 ………………………… 93

第 6 章　"无废城市"绿色生活创新实践 ……………………………… 94

　　6.1　重庆市 ………………………………………………………………… 94

　　　　6.1.1　"五个结合"构建"无废城市"建设的全民行动体系模式 …… 94

　　　　6.1.2　取得的成效 ……………………………………………… 100

　　6.2　天津市 ……………………………………………………………… 101

　　　　6.2.1　以绿色生活为纽带的"无废"文化培育模式 ………… 102

　　　　6.2.2　取得的成效 ……………………………………………… 107

　　6.3　三亚市 ……………………………………………………………… 107

　　　　6.3.1　旅游业"无废"理念链式传播及绿色转型升级模式 …… 108
　　　　6.3.2　取得的成效 ……………………………………… 113
　　6.4　深圳市 …………………………………………………… 114
　　　　6.4.1　全社会多元化"无废文化"创建行动模式 ………… 115
　　　　6.4.2　取得的成效 ……………………………………… 120
　　6.5　威海市 …………………………………………………… 122
　　　　6.5.1　创造"无废生活"实现"精致城市·幸福威海"模式 …… 122
　　　　6.5.2　取得的成效 ……………………………………… 129
　　6.6　许昌市 …………………………………………………… 129
　　　　6.6.1　多元融合的"无废文化"传承模式 ………………… 130
　　　　6.6.2　取得的成效 ……………………………………… 134
　　6.7　瑞金市 …………………………………………………… 134
　　　　6.7.1　发挥红色旅游优势,打造"无废"理念宣传高地模式 …… 135
　　　　6.7.2　取得的成效 ……………………………………… 138
　　6.8　杭州市 …………………………………………………… 138
　　　　6.8.1　做精杭州"无废"赛事,讲好杭州"无废亚运"故事模式…… 138
　　　　6.8.2　取得的成效 ……………………………………… 143

参考文献 ……………………………………………………………… 144

第1章

我们的城市

1.1 认识城市

1.1.1 城市生命共同体

城市是人类利用地理环境的集中地区。从外观上看,城市是高大建筑集中、街道集中的建筑文化景观,是运转不息的经济文化空间。城市比农村集中了更多的学校、艺术机构、文化机构和人才,集中了更多生产设施和生活设施,聚集了更多公共设施,其中包括供排水、教育、治安、商业网点、文化娱乐等。城市是密度高、能量大,耗竭频繁、成分构造复杂的物质体系,是人们从事生产生活的基本空间,以及经济、科学、文化、艺术、商业、金融活动集中地。

城市是一个有机而复杂的生命共同体,其诞生和发展一时一刻也不能脱离内部机体和周围环境,每天每时都在进行着物质、能量和文化的交换。生活在城市里的每个人,就像这个生命体的细胞,生命体和每个细胞相互依存,城市与人相互依赖。城市为每一个人提供生存的场所、资源和服务,也为每一个人提供实现价值、涵养精神的空间。人们在城市中获得更多就业机会和公共服务,创造价值为城市提供支撑与动力,拥有更好的生活和对未来的希望。同时人们也应敬畏城市、善待城市,让城市生命体与每个人和谐共生,共建城市生命共同体,城市生活将更加美好。

在过去的一二百年里,世界最大的变化之一就是人们的居住场所、生活方式和谋生手段发生了改变,越来越多的人从农村走向了城市。1900年,城市人口占全世界人口的比例不足10%,到了2021年,城市人口已占世界人口的56%,根据联合国人居署发布的《2020年世界城市报告》,未来10年,世界将进一步城市化,城市人口占全球人口的比例将在2030年达到60%,预计到2050年将接近70%,城市成为人类生活和工作的重要场所。

1.1.2 城市功能

城市功能亦称"城市职能",是城市在国家和地区范围内的社会经济生活中所能发挥的作用。现代城市具有生态功能、社会功能、经济功能、服务功能以及创新功能。

（1）生态功能

城市在满足人类（包括当代和后代）自身生存和发展需求过程中,在资源利用、环境保护等方面发挥作用,实现其生态功能。

实现城市的生态功能,一方面要实现资源的可持续利用,另一方面要保护环境的可持续发展,两者不可有所偏废。城市生态功能的发挥是指改变目前的城市生产模式和生活模式,尽量减少自然资源的耗用,减少输入城市的物质与能量;同时提高资源的使用效率,尽量用最少的资源实现最大的产出,减少有害物质（废水、废气、固体废弃物）的产出。衡量城市生态功能的主要指标包括城市的资源使用效率、废弃物的处理效率及城市环境质量状况等。

（2）社会功能

城市在满足人类（包括当代和后代）自身生存和发展需求过程中,在协调社会关系、推动社会进步等方面发挥作用,实现其社会功能。

城市的社会功能包含改善贫困状态、提供医疗设施、提供教育和就业机会、追求社会公平等,在追求物质文明的同时,极大地提高精神文明,提升社会和人的整体素质。城市可持续发展需要高素质的公民。

（3）经济功能

城市在满足人类（包括当代和后代）自身生存和发展需求过程中,在推动经济发展等方面发挥作用,实现其经济功能。

城市经济功能是城市功能的重要组成部分,是城市其他一切功能的前提和基础,要求人们不仅重视经济增长的数量,更追求经济发展的质量,要求人们不断改变以往的经济观念、生产模式和消费模式,强调节能和无污染生产,提倡崇俭消费,尽量使经济发展处于生态的可承受范围之内,达到经济效益与生态效益、经济效益与社会效益的统一。

（4）服务功能

城市在满足人类（包括当代和后代）自身生存和发展需求过程中,在生产与生活型服务提供方面发挥作用,实现其服务功能。

在当代社会,城市要实现经济、文化、科技、教育、交通运输、医疗与保健等活动流程的有效调控和组织,为城市居民提供消费性服务,为城市企业提供生产性服务。目前信息服务、金融服务成为城市服务的重要内容。

（5）创新功能

城市在满足人类（包括当代和后代）自身生存和发展需求过程中，在技术研发与创新、新产品与新服务的生产、文化与管理创新等方面发挥作用，实现其创新功能。

城市创新主要包括文化智能创新、技术生产创新以及调控组织创新等。工业革命以来，技术生产创新和调控组织创新与日俱增，尤其是在中心城市，调控组织创新越发重要。

从城市发展的历程看，经历了农业社会、工业社会、后工业社会、信息社会等阶段。在由低到高的进化过程中，随着城市的拓展和经济的迅速增长，逐步出现了城市拥挤、交通堵塞、环境污染、土地紧缺、生态质量下降等一系列伴随而生的城市问题。与此同时，人们对生活环境、生活质量、生存状态的要求越来越高，需求越来越多元化，人们越来越关心人居环境及自身的生存状态。

1.2　宜居城市

1.2.1　宜居城市的提出

1996 年联合国人居组织发布的《伊斯坦布尔宣言》强调："我们的城市必须成为人类能够过上有尊严、健康、安全、幸福和充满希望的美满生活的地方。"对美好城市生活的追求和实践，贯穿于人类社会的发展历史，并且越来越孕育在人们对未来城市的期盼中。

发达国家对宜居城市的建设是以早期的人居环境关注为标志的。1976 年，联合国召开了首届人居大会，提出"以持续发展的方式提供住房、基础设施服务"，相继成立了联合国人居委员会（CHS）和联合国人类居住中心（UNCHS）。

1989 年开始创立全球最高规格的"联合国人居环境奖"。1996 年联合国第二次人居大会提出"城市应当是适宜居住的人类居住地"的概念。此概念一经提出就在国际社会形成了广泛共识，成为 21 世纪新的城市观。

随着社会的发展，人们关注的人居环境角度和问题的深度、广度都在不断发展，包括城市环境、资源、生态、安全等内容逐步进入研究领域。"宜居城市"的概念走入人们的视野。

1.2.2　宜居城市的内涵和标准

我国宜居城市出现于 2005 年 1 月，国务院批复北京城市总体规划，首次使用宜居城市的概念。2005 年 7 月，国务院在全国城市规划工作会议上要求各地把宜居城市作为城市规划的重要内容。2007 年 5 月,国家建设部科技司通过《宜居城市科学评价标准》。宜居城市至此成为我国新的城市理念。

宜居城市具有以下内涵:

(1) 经济持续繁荣的城市

城市是区域经济的组织、管理和协调中心,是经济要素的高密度聚集地,是各种非农产业活动的载体。城市只有拥有雄厚的经济基础、先进的产业结构和强大的发展潜力,才能为城市居民提供充足的就业机会和较高的收入,才能为宜居城市物质设施建设提供保证。

(2) 社会和谐稳定的城市

只有在政局稳定、治安良好、民族团结、各阶层融洽、社区亲和、城市城乡协调发展的城市,居民才能安居乐业,才能充分享受丰富多彩的现代城市生活,才能将城市视为自己物质的家园和精神的归宿。

(3) 文化丰富厚重的城市

城市的文化丰富厚重有如下含义:历史文化遗产丰富;文化设施齐备;文化活动频繁;城市文化氛围浓郁。只有具有文化丰厚度的城市,才能称为思想、教育、科技、文化中心,才能充分发挥城市环境育人造人的职能,提高城市居民的整体素质。

(4) 生活舒适便捷的城市

生活的舒适便捷主要反映在以下方面:居住舒适,要有配套设施齐备、符合健康要求的住房;交通便捷,公共交通网络发达;公共产品和公共服务,如教育、医疗、卫生等质量良好,供给充足;生态健康,天蓝水碧,住区安静整洁,人均绿地多,生态平衡。

(5) 景观优美怡人的城市

城市是一个人文景观与自然景观的复合体,景观的优美怡人是城市建设的基本要求。这既需要城市的人文景观与自然景观相互协调,又要求人文景观(如道路、建筑、广场、公园等)的设计和建设具有人文尺度,体现人文关怀,从而起到陶冶居民心性的功效。

(6) 具有公共安全的城市

公共安全度是指城市抵御自然灾害(如地震、洪水、暴雨、瘟疫),防御和处理人为灾害(如大骚乱、恐怖袭击、突发公共事件等),确保城市居民生命和财产安全的能力。公共安全度是宜居城市建设的前提条件,只有有了安全感,居民才能安居乐业。

其中生态环境指标占比最大,其次为城市住房、市政设施和城市交通。城市资源量决定了一个城市的自然承载能力,是城市形成、发展的必要条件。资源丰富有利于提高公众的生活质量,也是宜居城市的重要条件。

1.3 世界城市日及联合国可持续发展城市和社区目标

1.3.1 世界城市日

世界城市日是联合国首个以城市为主题的国际日,也是第一个由中国政府倡议并成功设立的国际日,出自 2010 年 10 月 31 日上海世博会高峰论坛上发布的《上海宣言》中的倡议。倡议表示,将 10 月 31 日上海世博会闭幕之日定为世界城市日,让上海世博会"城市,让生活更美好"的理念与实践得以永续,激励人类为城市创新与和谐发展而不懈追求和奋斗。2013 年 12 月 6 日,第 68 届联合国大会第二次委员会通过有关人类住区问题的决议,决定自 2014 年起将每年的 10 月 31 日设为"世界城市日"。这是中国首次在联合国推动设立的国际日,获得了联合国全体会员国的支持。

世界城市日搭建了一个更加坚实的交流与合作平台,为社会各界深入讨论和协商解决城市问题创造了条件。借助这一平台,不同国家、组织之间,相互分享交流,相互学习借鉴,携手建设更加绿色、宜居、便利、和谐的城市。世界城市日设立以来,每年围绕"城市,让生活更美好"确定不同主题,在全球各个国家开展形式多样的宣传活动。

世界城市日历年活动主题

2014 年度活动主题:"城市转型与发展"

首届世界城市日的主题旨在唤起世界各国政府对城市可持续发展的共同关注,借助世界城市日平台,开展国际性研讨,以应对人类进入城市时代后面临的资源、环境等一系列问题和挑战。

2015 年度活动主题:"城市设计,共创宜居"

主题既贴合"城市,让生活更美好"的总主题,反映了国际社会对城市设计问题的共同关注,也体现了城市管理者、设计者和市民之间的互动关系,表现城市与居民共生的人文关怀。

2016 年度活动主题:"共建城市,共享发展"

主题与第三次联合国住房和城市可持续发展会议通过的《新城市议程》中突出强调的"包容型城市"和"包容性目标"相一致,关注经济包容共享、社会保障融合,以及民众参与城市共治等核心内容。

2017 年度活动主题:"城市治理,开放创新"

主题与《2030 年可持续发展议程》以及联合国住房和城市可持续发展大会通过的《新城市议程》关于"城市治理"的相关内容相对应,强调作为一个开放、多元的系统,城市的创新是破解城市发展难题、实现城市治理现代化的重要动力,提出创新城市治理应探索采用多方面利益相关者相结合的方式,同时应提高管理的信息化水平,大力推动智慧城市建设,从而实现包容性的城市管理。

2018 年度活动主题:"生态城市,绿色发展"

主题呼吁各方通过低碳、循环的绿色发展理念及行动,打造面向未来的创新、协调、开放、共享、包容、安全且有韧性的生态城市,促进全球城市的可持续发展。

2019 年度活动主题:"城市转型,创新发展"

主题聚焦城市转型发展中的创新驱动及其成效,呼吁各方通过数字创新提供城市服务,提高城市生活质量和改善城市环境。

2020 年度活动主题:"提升社区和城市品质"

主题呼吁面对城市发展中产生的新挑战,从社区和城市维度入手,以社区治理、社区更新、城市韧性、城市安全和包容增长为核心议题,研究如何提升社区与城市治理能力、发挥可持续和有规划的城市化对经济增长、社会包容和环境改善带来的积极影响,建设包容、安全、韧性的高品质生活家园。

2021 年度活动主题:"应对气候变化,建设韧性城市"

主题强调城市作为推进可持续发展的载体,通过加强适应气候变化的基础设施建设,全面提升城市韧性和社会包容性,将有利于减少灾害风险,增强应对气候灾害等抵御能力。

2022 年度活动主题:"行动,从地方走向全球"

主题推动交流和展示中外各个城市在落实联合国 2030 年可持续发展议程、全球发展倡议,推动城市可持续发展和改善人居环境方面的政策、经验和做法。

2023 年度活动主题:"汇聚资源,共建可持续的城市"

主题旨在研究世界各地的城市如何充分整合各种资源以推动可持续发展,同时提升城市的宜居性、包容性和共享性。

如今,50%以上的人居住在城市,进入了城市时代,城市化和工业化在带给人类丰富现代文明成果的同时,也伴随着前所未有的挑战,人口膨胀、交通拥堵、环境污染、资源紧缺、城市贫困、文化冲突正在成为全球性的问题。由于历史和现实的原因,这些现象在发展中国家尤为突出。

1.3.2　联合国可持续发展目标之一:可持续城市和社区

全球人口的一半约 35 亿生活在城市中,到 2030 年,近 60% 的人口约 40 亿人将居住在城镇地区。世界上的城市面积只占地球陆地的 2%,但能源消耗却达 60%～80% 并产生 75% 的碳排放量,快速的城市化对生活环境和公众健康等都带来了压力,高密度人口的城市可以带来效率的提高和技术创新,同时减少资源和能源消耗。

2015 年 9 月 25 日,联合国可持续发展峰会在纽约总部召开,联合国 193 个成员国在峰会上正式通过 17 个可持续发展目标(图 1-1)。可持续发展目标旨在从 2015 年到 2030 年间以综合方式彻底解决社会、经济和环境三个维度的发展问题,转向可持续发展道路。

图 1-1　联合国可持续发展目标

第 11 项可持续发展目标为"建设包容、安全、有风险抵御能力和可持续的城市及人类住区"。联合国官方解读为"城市面临的挑战可以通过让城市继续繁荣和发展的方式来解决,同时改善资源利用并减少污染和贫困。"我们期望的未来的城市能为所有人提供各种机会,并使大家都能获得能源、住房、运输和更多的服务。

可持续发展具体目标包括以下内容:

(1)到 2030 年,在所有国家加强包容和可持续的城市建设,加强参与性、综合性、可持续的人类住区规划和管理能力。

（2）到 2030 年，减少城市的人均负面环境影响，包括特别关注空气质量，以及城市废物管理等。

（3）到 2030 年，向所有人，特别是妇女、儿童、老年人和残障人群，普遍提供安全、包容、无障碍、绿色的公共空间。

（4）通过加强国家和区域发展规划，支持在城市、近郊和农村地区之间建立积极的经济、社会和环境联系。

可持续发展目标（SDGs）指导 2015—2030 年的全球发展政策和资金使用。

1.4　城市主要环境污染

城市环境是以人为中心的城市经济、社会、生态系统的自然生态系统。随着人类工业化、城市化进程的迅速推进和城市人口膨胀，城市生态环境问题日益突出，已经严重制约了城市可持续发展。

城市环境污染是指在城市的生产和生活中，向自然界排放的各种污染物超过了自然环境的自净能力，遗留在自然界并导致自然环境各种因素的性质和功能发生变异，破坏生态平衡，给人类的身体、生产和生活带来危害。城市主要环境污染包括大气污染、水体污染、固体废物污染和土壤污染。

1.4.1　大气污染

大气污染是指由于人类活动或自然过程引起某些物质进入大气中，呈现出足够的浓度，达到足够的时间，并因此危害了人类的舒适、健康或环境。

城市大气污染源是指由人类活动向大气输送污染物的发生源，尤其是工业生产和交通运输所造成的污染。城市大气污染源可以概括为以下三方面：

（1）燃料燃烧：煤、石油、天然气等燃料燃烧时除产生大量烟尘外，还会形成一氧化碳、二氧化碳、二氧化硫、氮氧化物、有机化合物及烟尘等物质。

（2）工业生产排放：石化企业排放硫化氢、二氧化碳、二氧化硫、氮氧化物；钢铁工业在炼铁、炼钢、炼焦过程中排放粉尘、硫氧化物、氰化物、一氧化碳、硫化氢、酚、苯类、烃类等。

（3）交通运输排放：汽车、船舶、飞机等内燃机燃烧排放的废气中含有一氧化碳、氮氧化物、碳氢化合物、含氧有机化合物、硫氧化物和铅的化合物等物质。

1.4.2　水体污染

水体污染是指水体因某种物质的介入，而导致其化学、物理、生物或者放射性污染等方面特性的改变,从而影响水的有效利用,危害人体健康或者破坏生态环境,造成水质恶化的现象。

城市废水根据不同来源分为生活废水和工业废水两大类。城市水体污染源主要有:

(1)未经处理而排放的工业废水。

(2)未经处理而排放的生活污水。

(3)大量使用化肥、农药、除草剂而造成的农田污水。

(4)堆放在河边的工业废弃物和生活垃圾。

(5)森林砍伐导致的水土流失。

(6)因过度开采产生的矿山污水。

1.4.3 固体废物污染

固体废物是指在生产建设、日常生活和其他活动中产生的污染环境的固态、半固态废弃物质。由于液态废物(排入水体的废水除外)和置于容器中的气态废物(排入大气的废物除外)的污染防治同样适用于《中华人民共和国固体废物污染环境防治法》(简称《固废法》),所以有时也把这些废物称为固体废物。

固体废物按来源分为工业固体废物、生活垃圾和危险废物三类。

(1)工业固体废物是指在工业交通等生产活动中产生的固体废物,其对人体健康或环境危害性较小,如钢渣、锅炉渣、粉煤灰、煤矸石、工业粉尘等。

(2)生活垃圾是指在城市日常生活中或者为城市日常生活提供服务的活动中产生的固体废物以及法律法规规定视为城市生活垃圾的固体废物。

(3)危险废物是指列入国家危险废物名录或者根据国家规定的危险废物鉴别标准和鉴别方法认定的具有危险特性的废物,即指具有毒性、腐蚀性、反应性、易燃性、浸出毒性等特性之一,由于其数量、浓度、物理化学性质或易传播性引起死亡率增加,无法治愈的疾病发病率增高或者对人体健康或环境造成危害的固体、半固体、液体废物等。

1.4.4 土壤污染

土壤污染是指人为活动产生的污染物进入土壤并积累到一定程度,引起土壤质量恶化,进而造成农作物中某些指标超过国家标准。土壤的污染来自滥施化肥农药、工业废水和废渣以及生活污水和垃圾等。土壤污染影响了生态环境、食品安全以及农业可持续发展。

土壤污染物分为化学污染物、物理污染物、生物污染物、放射性污染物四类。

（1）化学污染物：包括无机污染物和有机污染物。无机污染物包括汞、镉、铅、砷等重金属，过量的氮、磷植物营养元素以及氧化物和硫化物等；有机污染物包括各种化学农药、石油及其裂解产物以及其他各类有机合成产物等。

（2）物理污染物：指工厂、矿山的固体废物，如尾矿、废石、粉煤灰和工业垃圾等。

（3）生物污染物：指带有各种病菌的城市垃圾和由卫生设施（包括医院）排出的废水、废物以及厩肥等。

（4）放射性污染物：以锶和铯等在土壤中生存期长的放射性元素为主，主要存在于核原料开采和大气层核爆炸地区。

城市在发展中面临的种种污染挑战，根源在于城市化进程中人与自然关系的失谐，长期的失谐必然导致城市生活质量的倒退乃至文明倒退。面对当前城市环境问题，我们必须重新审视城市化过程中人、城市与地球家园的关系，认识到通过创新来建设和谐城市是城市可持续发展的解决之道，以人类对美好生活的理解与追求引领城市发展。

第2章

城市固体废物管理

随着社会和经济的快速发展及城市化进程的加快,人民生活水平迅速提高,生活习惯也随之发生改变。人类的生产和生活必定消耗大量资源,同时固体废物产生量也随之迅速增加。不恰当的固体废物管理会污染水、土壤和空气,传播疾病,不仅威胁人的身体健康,还会对生态系统造成破坏。在全球层面,固体废物管理也与气候变化、贫困、粮食和资源安全等全球挑战紧密相连,是解决人类可持续发展问题的主要切入点。

2.1 认识固体废物特性

城市在生产、生活和其他活动过程中会产生丧失原有利用价值的固体废物,或者虽未丧失利用价值但被抛弃或者放弃的固体废物。从固体废物与环境、资源、社会的关系分析,固体废物具有污染性、资源性和社会性。

1. 污染性

固体废物是富集了多种污染成分的终态。一些有害气体或飘尘通过治理最终富集成为固体废物,废水中的一些有害溶质和悬浮物通过治理最终被分离出来成为污泥或残渣,一些含重金属的可燃固体废物通过焚烧处理使有害金属浓集于灰烬中。这些"终态"物质中的有害成分在长期的自然因素作用下,又会转入大气、水体和土壤,成为大气、水体和土壤环境的污染"源头"。

固体废物具有自身的污染性和固体废物处理的二次污染性,其产生、排放和处理过程会对生态环境造成污染,甚至对人体健康造成危害。固体废物可能含有毒性、燃烧性、爆炸性、放射性、腐蚀性、反应性、传染性与致病性的有害废弃物或污染物,甚至含有污染物富集的生物,使其显示出自身的污染性。另外,固体废物在处理过程可能生成二次污染物污染环境,如垃圾填埋产生渗滤液、垃圾焚烧产生二噁英等大气污染物,这些污染物如未妥善处理,将污染水体、土壤和大气环境,进而危害人类健康。

(1) 对土壤造成污染

固体废物长期露天堆放,其有害物质在地表径流和雨水的淋溶、渗透作用下,通过土壤孔隙向四周和纵深的土壤迁移,会改变土壤的性质和结构,进而对土壤中生长的植物产生不利影响,污染严重的土地甚至无法耕种。固体废物对土壤造成的危害可能要比水、气造成的危害严重。

(2) 对大气造成污染

固体废物在运输、堆存和处理处置过程中,如果缺乏相应的防护和环境保护措施,将会造成固体废物、粉尘随风扬散,产生的有害气体逸散,将对大气环境造成不同程度的影响;露天堆放的固体废物会因有机成分的分解产生有味的气体,形成恶臭;固体废物在焚烧过程中会产生粉尘、酸性气体和二噁英等污染大气;在填埋处置后会产生甲烷、硫化氢等有害气体,严重污染大气。

(3) 对水体造成污染

固体废物弃置于水体,将使水体直接受到污染,严重危害生物的生存条件和水资源的利用。此外,堆积的固体废物经过雨水的浸渍和废物本身的分解,其渗滤液和有害化学物质的迁移与转化将对河流及地下水系造成污染。

(4) 对人体健康的影响

固体废物(特别是危险废物)中的有害成分和在储存、利用、处置不当的条件下新产生的有毒有害物质,可通过地表水、地下水、大气和土壤等环境介质直接或间接被人体吸收,从而对人体健康造成威胁。

(5) 对安全的影响

固体废物在腐化过程中会产生沼气和有害物质,包括甲烷、二氧化碳、一氧化碳、氨、硫化氢等,产生恶臭,污染大气环境,容易发生自燃、自爆,存在安全隐患。

2. 资源性

固体废物的资源性表现为固体废物是资源开发利用的产物,以及固体废物自身具有一定的资源价值。固体废物只是在一定条件下才成为固体废物,当条件改变后,固体废物有可能重新具有使用价值,成为生产的原材料、燃料或消费物品,因而具有一定的资源价值及经济价值。固体废物的资源性包括物质回收、物质转换和能量转换。

(1) 物质回收:回收二次物质,如纸张、玻璃、金属等物质。

(2) 物质转换:利用废弃物制取新形态的物质,如利用废玻璃和废橡胶生产铺路材料。

（3）能量转换：从废物处理过程中回收能量，包括热能和电能。

城市固体废物是具有开发潜力的"城市矿藏"，也被称为地球上唯一在增长的资源。但是，固体废物的经济价值不一定大于固体废物的处理成本。

3. 社会性

固体废物的社会性表现为固体废物产生、排放与处理具有广泛的社会性。社会每个成员都产生与排放固体废物，并且固体废物产生意味着社会资源的消耗，对社会产生影响。固体废物的排放、处理处置及固体废物的污染性影响他人的利益，产生社会影响。因此，无论是产生、排放还是处理固体废物都影响每个社会成员的利益。固体废物排放前属于私有品，排放后成为公共资源。

基于以上固体废物的特性，城市固体废物需要进行系统的城市管理。

2.2　固体废物处理原则

根据固体废物的特性，其处理的基本原则是减量化、资源化、能源化和无害化。

（1）减量化

减量化是指减少固体废物产生，从产生固体废物的源头进行控制，采取预防为主的原则，削减固体废物的产生量，采用清洁的生产工艺，将固体废物污染环境的防治提前到固体废物的产生阶段。

（2）资源化

资源化是指充分合理利用固体废物的资源，将其中一部分可以回收利用的固体废物加以充分利用，即变废为宝。通过对固体废物的大量利用，不仅减少了固体废物的数量，减轻了污染，而且创造了大量的物质财富，取得了可观的经济效益。综合利用、变废为宝，是防治固体废物污染环境的一项根本措施。

（3）能源化

能源化是指充分利用固体废物的能源，将一部分可以产生热能的固体废物进行焚烧产生热能，这些热能可以进行利用或者发电；生活垃圾中的厨余垃圾、园林废物等可以进行厌氧产沼，生产高质量的燃气，实现固体废物的能源化。

（4）无害化

无害化是指对已经产生排放，但又无法或暂时不能利用的固体废物进行合理的管理和处置。通过将固体废物焚烧以及采取其他改变固体废物的物理、化学、生物特性的方法，达到减少已产生的固体废物的数量、缩小其体积，减少或者消除其危险成分的目的，因此，实行处置固体废物的无害化原则，就是要采取科学的方式、方法,减少或者消除固体废物对环境的污染,并避免因处置不当而造成二次污染。

2.3　生活垃圾来源及处置技术

2.3.1　城市代谢产物——生活垃圾

城市生活垃圾是指在日常生活中或者为日常生活提供服务的活动中产生的固体废物,以及法律、行政法规规定视为生活垃圾的固体废物。

城市生活垃圾是发展的、消费的、洁净的、便利的现代城市的代谢产物。我们可以迅速清扫、转移、运输生活垃圾,离开我们的生产、生活空间和城市的公共场所,但这些垃圾并不会随着人们的丢弃而消失,而是需要纳入城市管理进行科学的处理处置。随着社会、经济的发展和消费水平的不断提高及公众生活习惯和城市环境的改变,生活垃圾产生量迅速增长,世界上许多城市均出现过"垃圾围城",生态环境隐患日益突出,严重制约了城市发展。城市管理迫切需要既减少垃圾产生量,同时也确保已产生垃圾的妥善处理,实现垃圾处理效益增值,促进循环经济发展,减轻或减少生活垃圾污染,满足公众对清洁环境和健康保障的期盼,促进人与城市和谐发展。

2.3.2　生活垃圾处理处置技术

生活垃圾被城市管理部门收集后,采用如下技术进行处理处置。

(1) 焚烧

垃圾焚烧是指通过适当的热分解、燃烧、熔融等反应,使垃圾通过高温下的氧化进行减容,成为残渣或者熔融固体物质的过程,如图 2-1 所示。垃圾焚烧设施必须配有烟气处理设施,以防止重金属、有机类污染物等再次排入环境介质中。垃圾焚烧技术可减容 85% 以上,减量 75% 以上,突出了减量化及无害化,焚烧过程产生的热量用来发电可以实现垃圾的能源化。但是焚烧条件控制不当会存在烟气污染问题,且设备投资巨大。

(2) 填埋

垃圾填埋是指通过防渗、铺平、压实、覆盖对垃圾进行处理和对气体、渗沥液、蝇虫等进行治理的垃圾处理方法,如图 2-2 所示。填埋场必须进行科学选址、场地防护处理、周密的填埋计划、渗出液收集和处理、填埋气收集和处理、严格的监测网络、最终封场与土地恢复利用等多项工序才能建成。该技术的特点是操作简单,可以处理所有种类的垃圾,但是占地面积大,同时存在严重的二次

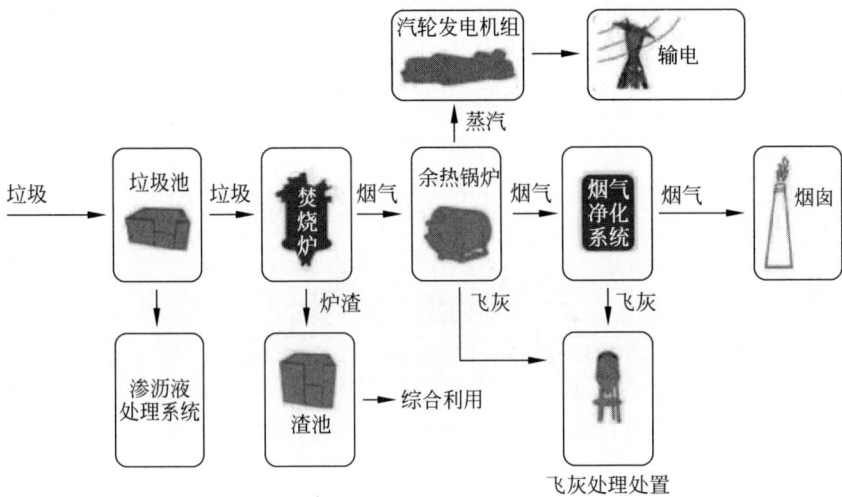

图 2-1　垃圾焚烧示意图

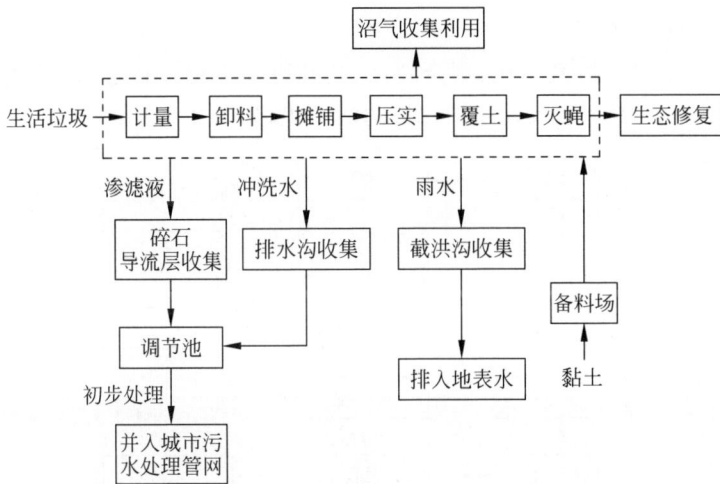

图 2-2　垃圾填埋示意图

污染,垃圾发酵产生的甲烷气体是火灾及爆炸隐患,排放到大气中又会产生温室气体。最关键的是填埋场服务期满后仍需要维护并长期占用土地资源。

（3）易腐有机质资源化——垃圾堆肥

堆肥是指采用专门设备将有机垃圾破碎后集中进行发酵,并添加专门培养的微生物,使其中的有机质进行降解,形成堆肥,如图 2-3 所示。该技术的工艺过程比较简单,适用于易腐垃圾的处置,投资比单纯的焚烧处理大大降低。但是不能处理不可腐烂的有机物和无机物,因此减容、减量及无害化程度低。仅仅依靠堆肥处理仍然不能彻底解决垃圾问题。同时对于新鲜的垃圾,必须首先进行分拣分类后再将易腐有机组分进行发酵,才能有效地防止重金属的渗入,从而保证有机肥产品达到国家标准,真正实现无害化和资源化。

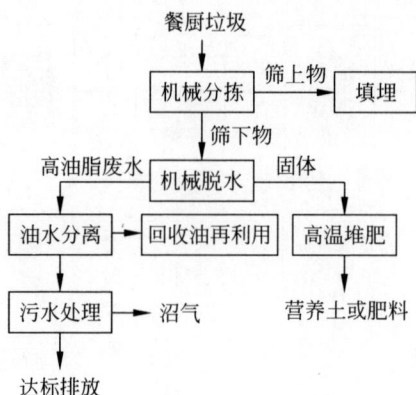

图 2-3　餐厨垃圾堆肥示意图

(4) 厌氧产沼气

生活垃圾中的禽畜粪便、厨余垃圾、园林废物等可以通过厌氧过程产生沼气,生产高质量的燃气,实现生活垃圾的能源化,如图 2-4 所示。

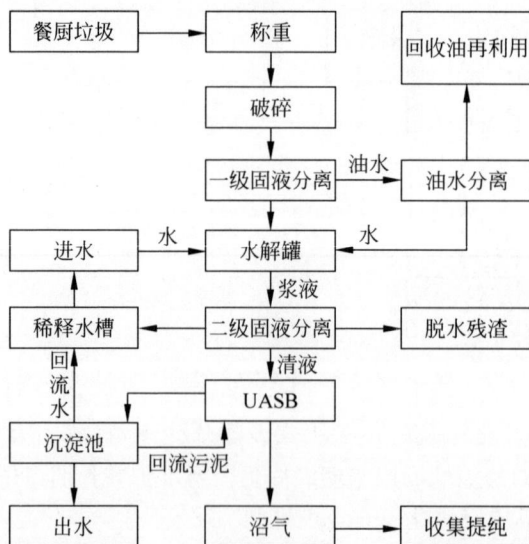

图 2-4　生活垃圾厌氧产沼气示意图

随着城市的发展和时代的进步,生产和生活垃圾急剧增加,现有垃圾处理能力相对不足,新建垃圾处理设施涉及土地规划、技术、资金以及公众意愿等诸多问题,已经成为困扰城市发展的严重问题。

2.3.3　城市生活垃圾管理新理念

城市垃圾管理是政府公共管理和服务的一项重要职责,应进行全过程科学控制和管理,综合运用法律、行政、经济、技术以及公众参与等措施,促进垃圾减量和资源化,创造良好的人居环境,促进城市可持续发展。

1. 生活垃圾全生命周期管理

城市生活垃圾管理的发展趋势是采用全生命周期管理,即从生产、运输/购买、用户消费、收集、处理处置过程,形成闭环管理,如图 2-5 所示。其中,公众作为消费者,应该选购生态设计产品,对垃圾进行精细分类、避免食物浪费和垃圾产生,以及进行重复利用。公众参与城市垃圾管理非常重要。

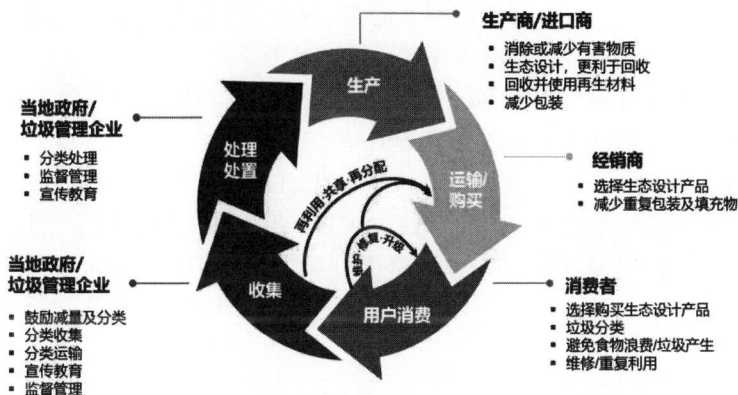

图 2-5　城市生活垃圾管理的发展趋势——全生命周期管理

2. 城市矿产

"城市矿产"是指工业化和城镇化过程中产生并蕴藏在废旧机电设备、电线电缆、通信工具、汽车、家电、电子产品、金属和塑料包装物以及废料中,可循环利用的钢铁、有色金属、稀贵金属、塑料、橡胶等资源,其利用量相当于原生矿产资源(图 2-6)。"城市矿产"是对废弃资源再生利用规模化、产业化发展的形象比喻。

2010 年我国启动"城市矿产"示范基地(以下简称"城矿基地")建设,从国家层面加快推进"城市矿产"集约化、规模化、高值化利用。历经十多年,城矿基地建设取得显著成效,实现了再生资源大规模集聚和规模化利用,对保障国家资源安全、积极稳妥推进碳达峰碳中和、加快发展方式绿色转型具有重要的引领作用。

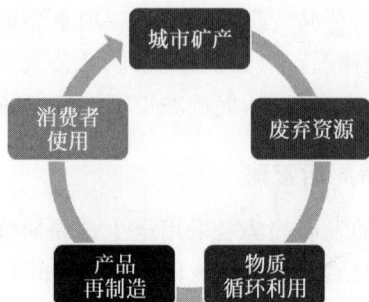

图 2-6　城市矿产循环体系

与原生矿产相比,城市矿产的开发利用具有高效、低碳、绿色等优点。城市矿产的循环利用不仅可以减少废弃物的产生量,还可以减少原生资源和能源的消耗、降低温室气体排放,是落实循环经济政策的重要途径。

中国科学院的研究表明,城市矿产的生态、经济和环境效益巨大:仅 2019 年产生的废旧电脑和手机中就蕴藏着 $8.6×10^4$ t 铜、380t 银、160t 金以及多种其他金属。若 2030 年的回收率达到 85%,仅通过回收废电脑和手机中的金和钯就可完全满足该行业对原生资源的需求量;手机和电脑中的金、银、铝、铜等金属循环利用的能源消耗仅为原生资源开采制造过程的 10%,可减少 $2.2×10^7$ t 碳排放。

3. 循环经济

循环经济是针对传统的线性经济模式而言的,是一种以资源的高效利用和循环利用为核心,以"减量化、再利用、资源化"为原则,以低消耗、低排放、高效率为基本特征,符合可持续发展理念的经济发展模式,其本质是一种"资源—产品—消费—再生资源"的物质闭环流动的生态经济,是对大量生产、大量消费、大量废弃的传统增长模式的根本变革,是符合可持续发展理念的经济增长模式,如图 2-7 所示。

城市固体废物资源化利用是循环经济的典型核心。

4. 化"邻避"为"邻利"

邻避效应,英文为"Not In My Back Yard",直译为"不要建在我家后院",指当地居民因担心建设项目(如垃圾焚烧厂、危废处理厂等邻避设施)对身体健

图 2-7 循环经济体系

康、环境质量等带来负面影响,激发人们嫌恶情绪,以至于采取强烈的、有时高度情绪化的集体反对甚至抗争行为。

根据住房和城乡建设部《关于进一步加强城市生活垃圾焚烧处理工作的意见》有关要求,城市要加强焚烧设施规划选址管理、建设高标准清洁焚烧项目。同时要在项目属地广泛开展调研,认真倾听公众意见,对疑虑和误解耐心做好沟通解释工作,并充分考虑其合理诉求,积极研究解决措施,争取公众对项目建设的信任和理解。要构建邻利型服务设施,落实运行管理责任制度和应急管理预案,控制二次污染。面向周边居民设立共享区域,因地制宜配套绿化、体育和休闲设施,实施优惠供水、供热、供电服务,安排群众就近就业。变短期补偿为长期可持续发展,变"邻避效应"为"邻利效益",实现共享发展。

5. 环保设施向公众开放

环保设施向公众开放就是将垃圾处理设施、废弃电器电子产品处理等环保设施定期向公众开放,接受公众参观。

环保设施向公众开放活动对于城市管理具有重大意义。一是让污染治理在公众的监督下进行,展示的是政府开门理政、企业开门经营的自信以及接受社会监督的诚意。二是从公众角度讲环保设施向公众开放,除了打消一些公众顾虑外,更重要的是提高了环保意识,凝聚社会和各界力量参与到生态环境建设中来,从而加快建设现代环境治理体系。三是对于企业而言让环保设施在老百姓监督之下运行,将有助于企业提高环境管理水平,增强内在治污动力,在未来市场竞争中占得先机、建立优势。四是把环保设施直接、主动地面向公众开放,保障了群众的环境知情权、参与权和监督权,从而在根本上防范化解这种"邻避问题"。

对于城市生活垃圾处理设施开放工作,重点介绍垃圾产生、收集与转运过程,处理原理及工艺流程,渗滤液或焚烧烟气处理设施等,让公众了解垃圾产生、收集、转运、处理的全过程,引导社会公众转变消费观念,培养绿色低碳环保生活习惯,促进垃圾源头分类,同时增强公众对垃圾处理设施的科学认识和监督意识。

公众可登录所在省生态环境局官方网站查阅所在地市环保设施向公众开放企业名目,可以与企业所预留的联系人预约。各省市相关环保社会组织也会定期组织开放活动,可随时关注所在地市环保组织发布的活动信息。

2.4 垃圾分类全民齐行动

2.4.1 什么是垃圾分类?

垃圾分类是指通过在源头将垃圾分类投放、分类收集、分类运输、分类处置,把有用物资从垃圾中分离出来重新回收、利用,提高垃圾的资源价值和经济价值,同时减少垃圾处置量,实现垃圾减量化和资源化。垃圾分类是对垃圾收集处置传统方式的改革,是对垃圾进行有效处置的一种科学管理方法。如果不进行垃圾分类,大量的垃圾未经回收再使用会造成资源浪费,同时生活垃圾处理处置过程会污染环境和危害人体健康,因此在城市垃圾管理中必须先进行垃圾分类。

2.4.2 为什么要垃圾分类?

随着城市社会经济发展和公众消费水平的大幅度提高,我国每年垃圾产生量迅速增长。这些垃圾不仅造成了环境隐患,也造成资源浪费,成为城市公众反应强烈的突出问题,成为城市可持续健康发展的制约因素。

2019年6月习近平总书记对垃圾分类工作作出重要指示,"实行垃圾分类,关系广大人民群众生活环境,关系节约使用资源,也是社会文明水平的一个重要体现"。实施垃圾分类,改变的不仅仅是垃圾处理方式,而是引导公众形成绿色发展方式和生活方式,可以有效改善城市环境,促进资源回收利用,提高公众生活品质。也有利于公众素质提升、社会文明进步,对推动绿色发展、建设美丽中国,具有十分重要的意义。

垃圾分类是按照垃圾的不同成分、属性、利用价值以及对环境的影响,并根据不同处置方式的要求,分成属性不同的若干种类,其目的是为资源回收和后续处置带来便利。它是垃圾减量化、资源化和无害化的途径,是实现垃圾综合处理、减少垃圾产量的一个重要步骤和关键环节,在城市生活垃圾管理中具有重大意义。

(1)将以易腐有机成分为主的厨余垃圾单独分类,为垃圾堆肥提供优质原料,生产出优质有机肥,有利于改善土壤肥力,减少化肥施用量。

(2)将高含水率的厨余垃圾分离,提高了其他垃圾的焚烧热值,降低了垃圾焚烧二次污染控制难度。

(3)将有害垃圾分类出来,减少了垃圾中的重金属、有机污染物、致病菌的含量,有利于垃圾的无害化处理,减少了垃圾处理的水、土壤、大气污染风险。

(4)将不同类别的垃圾进行分流,使最终进入卫生填埋的量大大减少,延长了填埋场的使用寿命,减少了占用土地新建填埋场。

(5)提高废品回收利用比例,减少原材料的需求,减少二氧化碳的排放。

(6)避免由于新建生活垃圾处理设施而引发的"邻避效应"。

2.4.3　如何做好垃圾分类?

2019年4月,住房和城乡建设部等9部门发布《关于在全国地级及以上城市全面开展生活垃圾分类工作的通知》(以下简称《通知》),决定自2019年起在全国地级及以上城市全面启动生活垃圾分类。要求党政机关和学校、科研等事业单位,以及社团组织和公共管理单位率先实行公共机构生活垃圾分类。教育等主管部门要依托课堂教学、校园文化、社会实践等平台,切实加强各级各类学校的生活垃圾分类教育。开展青年志愿活动,鼓励和引导青少年积极参与生活垃圾分类,动员家庭积极参与,自觉成为生活垃圾分类的参与者、践行者、推动者。开展示范片区建设,发挥示范引领作用,以点带面,逐步将生活垃圾分类工作扩大到全市。

2020年11月,住房和城乡建设部等12部门联合印发《关于进一步推进生活垃圾分类工作的若干意见》(以下简称《意见》)。《意见》提出,生活垃圾分类工作,为满足人民群众对美好生活的需要、构建基层社会治理新格局、推动生态文明建设、提高社会文明水平发挥了积极作用。到2020年年底,直辖市、省会城市、计划单列市和第一批生活垃圾分类示范城市力争实现生活垃圾分类投放、分类收集基本全覆盖,分类运输体系基本建成,分类处理能力明显增强;力争再用5年左右时间,地级及以上城市因地制宜基本建立生活垃圾分类投放、分类收集、分类运输、分类处理系统。

《通知》提出要全面加强生活垃圾分类的科学管理,具体可通过以下措施实现:

(1)合理确定分类类别。参照GB/T 19095—2019《生活垃圾分类标志》(图2-8),区分有害垃圾、可回收物、厨余垃圾和其他垃圾,因地制宜制定相对统一的生活垃圾分类类别,设置统一规范、清晰醒目的生活垃圾分类标志,方便居民分类投放。

图 2-8　生活垃圾分类标志

（2）推动源头减量。推动建立垃圾分类标识制度,逐步在产品包装上设置醒目的垃圾分类标识,落实限制商品过度包装和塑料污染治理有关规定,倡导"光盘行动",推动无纸化办公等。

（3）推进分类投放收集系统建设。设置简便易行的垃圾分类投放装置,合理布局分类收集设施设备,推动开展定时定点分类投放等。

（4）完善分类运输系统。合理确定分类运输站点、频次、时间和线路,加强有序衔接,防止生活垃圾"先分后混、混装混运"等。

（5）提升分类处理能力。加快补齐厨余垃圾和有害垃圾处理设施短板,鼓励生活垃圾处理产业园区建设等。

（6）加强分类处理产品资源化利用。鼓励各地采用符合本地实际的技术方法提升资源化利用水平。

2.4.4　垃圾分类从习惯养成做起

是否能实现垃圾分类,直接关系到公众参与的积极性。垃圾分类看似小事,推广起来却不简单,只有将垃圾分类习惯融入我们的日常生活当中,让垃圾分类成为一种习惯,才能从根本上解决生活垃圾处理和污染问题,实现资源的循环利用,从而让我们拥有高品质的生活。《关于进一步推进生活垃圾分类工作的若干意见》提出要努力推动习惯养成。

（1）引导群众普遍参与

将生活垃圾分类作为加强基层治理的重要载体,强化基层党组织领导作用,统筹居（村）民委员会、业主委员会、物业单位力量,加强生活垃圾分类宣传,普及分类知识,充分听取居民意见,将居民分类意识转化为自觉行动。产生生活垃圾的单位、家庭和个人,依法履行生活垃圾源头减量和分类投放义务。

（2）切实从娃娃抓起

以青少年为重点,将生活垃圾分类纳入各级各类学校教育内容,依托各级少先队、学校团组织等开展"小手拉大手"等知识普及和社会实践活动,动员家庭积极参与。支持有条件的学校、社区建立生活垃圾分类青少年志愿服务队。

(3)建立健全社会服务体系

积极创造条件,广泛动员并调动社会力量参与生活垃圾分类。鼓励产品生产、实体销售、快递、外卖和资源回收等企业积极参与生活垃圾分类工作,主动开展社会服务。鼓励探索运用大数据、人工智能、物联网、互联网、移动端 APP等技术手段,推进生活垃圾分类相关产业发展。积极开展生活垃圾分类志愿服务行动和公益活动,加强生活垃圾分类宣传、培训、引导、监督。

(4)营造全社会参与的良好氛围

加大生活垃圾分类的宣传力度,注重典型引路、正面引导,全面客观报道生活垃圾分类政策措施及其成效,营造良好舆论氛围。充分发挥相关行业协会及社会组织作用,建设一批生活垃圾分类示范教育基地,加强行业培训,共同推进生活垃圾分类。

2.4.5　垃圾分类看北京

北京是一个拥有 2000 多万人口的特大城市,随着经济发展和人口增加,生活垃圾产生量不断上升。2009 年,北京市生活垃圾产生量为 6.69×10^6 t,平均每日清运 1.83×10^4 t,如果用载重 2.5t 的卡车来运输垃圾,把这些卡车首尾相连,可以绕三环路一圈。2019 年,北京市全市生活垃圾清运量为 1.011×10^7 t,日均为 2.77×10^4 t,如果再用载重 2.5t 的卡车来运输垃圾,这些运输垃圾的卡车排列起来已经能绕四环路一圈。

2020 年 5 月 1 日,北京市新修订的《北京市垃圾分类管理条例》(以下简称《条例》)开始实施。修订后的《条例》明确规定,生活垃圾管理是本市各级人民政府的重要职责。单位和个人应当遵守国家和本市生活垃圾管理的规定,依法履行生活垃圾产生者的责任,减少生活垃圾产生,承担生活垃圾分类义务,并有权对违反生活垃圾管理的行为进行举报。党政机关和事业单位要带头开展垃圾减量、分类工作,发挥示范引导作用。

根据新修订后的《条例》,产生生活垃圾的单位和个人是生活垃圾分类投放的责任主体。公众应当按照下列规定分类投放生活垃圾。

(1)厨余垃圾:是指家庭中产生油脂和油水混合物的菜帮菜叶、瓜果皮核、剩菜剩饭、废弃食物等易腐性垃圾,从事餐饮经营活动的企业和机关、部队、学校、企业事业等单位集体食堂产生的食物残渣、食品加工废料和废弃食用油脂,以及农贸市场、农产品批发市场产生的蔬菜瓜果垃圾、腐肉等。

投放要求:厨余垃圾从产生时就应与其他品类垃圾分开,投放前要沥干水分,保证厨余垃圾分出质量,做到"无玻璃陶瓷、无金属杂物、无塑料橡胶"。纯流质的食物垃圾,如牛奶等,应直接倒进下水道。有包装的过期食品应将包装物去除后分别投放,包装物则投放到对应的可回收或者其他垃圾收集容器。厨余垃圾收集容器是绿色的。

(2)可回收物:是指在日常生活中或者为日常生活提供服务的活动中产生的、已经失去原有全部或者部分使用价值,回收后经过再加工可以成为生产原料或者经过整理可以再利用的物品,主要包括废纸类、塑料类、玻璃类、金属类、电子废弃物类、织物类。

投放要求:可回收物分类投放时,应尽量保持清洁干燥,避免污染。废纸应保持平整;立体包装物应清空、清洁后压扁投放;玻璃制品应轻投轻放,有尖锐边角的应包裹后投放。可回收物收集容器是蓝色的。

(3)有害垃圾:是指生活垃圾中的有毒有害物质,包括废电池(镉镍电池、氧化汞电池、铅蓄电池等),废荧光灯管(日光灯管、节能灯等),废温度计,废血压计,杀虫剂及其包装物,过期药品及其包装物,废油漆、溶剂及其包装物等。有害垃圾收集容器是红色的。

投放要求:有害垃圾投放应保证器物完整,避免二次污染。镉镍电池、氧化汞电池、铅蓄电池等投放时应注意轻放;油漆桶、杀虫剂瓶子等如有残留应密闭后投放;荧光灯、节能灯等易破损物品应连带包装或包裹后轻放;过期药品应连带包装一并投放;易挥发的有害垃圾,请密封后投放;其余垃圾则投放到对应的可回收物或者其他垃圾收集容器。

(4)其他垃圾:指除厨余垃圾、可回收物、有害垃圾之外的生活垃圾,以及难以辨识类别的生活垃圾。主要包括餐盒、餐巾纸、湿纸巾、卫生纸、塑料袋、食品包装袋、污染纸张、烟蒂、纸尿裤、一次性餐具、大骨头、贝壳、花盆、陶瓷碎片等。简而言之,难以辨识类别的生活垃圾可投入其他垃圾收集容器内。

投放要求:沥干水分后投放。其他垃圾收集容器是灰色的。

另外,还禁止在北京市生产、销售超薄塑料袋。超市、商场、集贸市场等商品零售场所不得使用超薄塑料袋,不得免费提供塑料袋。餐饮经营者、餐饮配送服务提供者和旅馆经营单位不得主动向消费者提供一次性筷子、叉子、勺子、洗漱用品等,并应当设置醒目提示标识。

2017年以来,全部中央机关和650家二级单位率先垂范,实施垃圾强制分类,起到了示范引领作用。在他们的带动下,2018年,市、区级党政机关、1064个学校、271家医院、528家商超和446个旅游景点加入了强制分类的行列。此外,全市有224个街道(乡、镇)正在开展垃圾分类示范片区创建,到2020年,覆盖率达到90%以上。北京市通过垃圾分类示范片区创建的典型引路,以点带面,以点连线,连线成片,逐步推广,不断扩大垃圾分类制度覆盖范围。各街道在推动垃圾分类工作的过程中,都能结合属地特色创新工作模式,并涌现出了一批优秀的垃圾分类基层工作者。为鼓励基层工作者,2018年,北京市城市管理委员会会同首都精神文明建设委员会办公室开展了生活垃圾分类达人评选,共有20名基层垃圾分类工作者被授予荣誉称号。

北京市统计局2022年4月调查数据显示:北京市垃圾分类知晓率达99.1%,被访者对垃圾分类工作满意度达到92.2%,居民垃圾分类参与率达到99.4%,较《条例》实施前的2020年1月提升26.4个百分点,生活垃圾减量近30%,可回收物增长近1倍,生活垃圾回收利用率达到37.5%以上,"垃圾清运不及时"问题诉求量下降90%,经济效益、环境效益、社会效益全面提升。

第3章

走进"无废"生活

3.1 国际"无废"理念及公众参与

3.1.1 国际"无废"理念的缘起

1973年美国环境学者保罗·帕尔默(Paul Palmer)首创"zero waste"一词。保罗·帕尔默是一位毕业于耶鲁大学的化学博士。他在美国旧金山湾区观察到正在崛起的硅谷扔掉的垃圾中,有不少纯度很高的、可以重复利用的化学品,于是便创立了一家名为"零废弃系统"的公司(Zero Waste Systems InC.),专门收集和利用这些废弃物。

1989年,美国加利福尼亚州通过了《综合废物管理法案(Integrated Waste Management Act)》,设立了到1995年废物填埋量减少25%,到2000年废物填埋量减少50%的目标。废物填埋减量目标首次进入法案。

1995年澳大利亚首都堪培拉制定《到2010年实现无废法案(No Waste by2010 Act)》,成为世界上首个官方设立"无废"目标的城市。

1997年,新西兰建立"无废"信托基金会,以支持固体废物减量化,推动新西兰的"无废"运动。

1998年,"无废"成为美国北卡罗来纳州、华盛顿州和华盛顿特区的管理指导原则。

2000年,日本制定《促进循环型社会形成基本法》,作为建设循环型社会的法律支撑。

随着可持续发展理念的传播和深入推动,"无废"理念逐渐得到完善和发展。

2002年,国际无废联盟(Zero Waste International Alliance)(以下简称"联盟")在英国成立。联盟通过公共教育和实际应用"无废"原则,以促进国际范围内形成垃圾填埋和焚烧的替代方案,提高社会公众对将废物转化为资源时获得的社会和经济效益的认知,并致力于在国际范围内发起并推进"无废"研究和信息共享,为世界不同国家和地区建立并有效实施"无废"管理提供技术指导和帮助,制定评估"无废"的标准。2004 年联盟提出了第一个"无废"定义,并发布了《"无废"商业原则(Zero Waste Business Principles)》《"无废"社区原则(Zero Waste Community Certification)》等,国际无废联盟所发布的"无废"工作定义和原则经过同行评审,获得广泛的国际认可,为企业、机构、社区和个人实现"无废"提供了指导。

3.1.2 国际机构和组织推动"无废"目标实现

为推动废物管理,1987 年联合国环境署理事会第十四届会议授权联合国环境署执行主任召集特设法律和技术专家工作组起草一项《控制危险废物越境转移及其处置巴塞尔公约》(以下简称《公约》)。该《公约》的宗旨是加强世界各国在控制危险废物越境转移及其处置方面的国家合作,促进危险废物以环境无害化方式处理,保护全球环境和人类健康。《公约》的主要内容包括减少有害废弃物产生,并避免跨国运送时造成的环境污染、提倡就地处理有害废弃物,以减少跨国运送、妥善管理有害废弃物跨国运输,防止非法运送行为、提升有害废弃物处理技术,促进无害环境管理的国际共识。《公约》通过制定环境无害化管理技术准则和手册、发展公共私营伙伴关系、建设和发展区域协调中心等机制积极推进危险废物环境无害化管理。

1. 21 世纪议程

1992 年,在里约热内卢召开的联合国环境与发展会议上通过《21 世纪议程(Agenda 21)》,旨在对人类造成的环境影响采取综合行动计划。议程强调了对危险废物和固体废物进行环境无害化管理,呼吁各国收集与废物回收处理相关的数据和信息,发展并强化国家无害环境技术研究和设计能力,在能力范围内采取措施将废物的产生量降到最低限度。

2.《约翰内斯堡执行计划》

2002 年,在可持续发展问题世界首脑会议上通过的《约翰内斯堡执行计划》中,联合国各成员国重申了《21 世纪议程》中提出的关于在其整个生命周期内对化学品进行健全管理以及为人类健康和环境及可持续发展的危险废物管理承诺,并提出到 2020 年最大限度减少对人类健康和环境产生重大不利影响的化学品的生产和使用,并通过技术转移和资金支持协助发展中国家加强其化学品和危险废物的健全管理能力。这一计划被称为"2020 目标"。

3.《2030 可持续发展议程》

2015 年,第七十届联合国发展大会上,联合国通过的《2030 可持续发展议程》呼吁各国立即采取行动,就可持续发展目标而努力。新议程中第 34 项即强调"可持续的城市发展和管理对于我们人民的生活质量至关重要……减少由城市活动和危害人类健康和环境的化学品所产生的不利影响,包括以对环境无害的方式管理和安全使用化学品,减少废物,回收废物和提高水和能源的使用效率"。《2030 可持续发展议程》提出的 17 个可持续发展目标中共有 4 个目标与化学品和废物管理相关,从水质、城市废物管理、可持续生产和消费角度提出了废物的管理目标。在具体目标中,各成员国又重申了"到 2020 年,根据商定的国际框架,实现化学品和所有废物在整个存在周期的无害环境管理"的目标。

4. 智慧减废城市挑战

2019 年,联合国人居署(UN-Habitat)发起"废物智慧城市挑战"(The Waste Wise Cities Challenge)项目,计划到 2022 年,在世界各地 20 个城市开展清洁和建立可持续废物管理。重点关注 4 个关键领域:废物数据与监测、废物处理知识与方法共享、宣传与教育以及项目融资与银行支持。联合国人居署邀请城市加入"废物智慧城市",并遵循 12 项关键原则,包括促进"5R"工作,即再思考(rethink)、减少化(reduce)、再利用(reuse)、回收(recycle)和拒绝一次物品(refuse),以便让废物实现价值的最大化并设计财政和其他激励措施,促进向更循环的经济模式过渡,减少浪费,鼓励通过教育改变公众对废物的态度,以重新思考废物问题、努力实现"可持续发展目标"。任何致力于所列原则的城市都可以加入"废物智慧城市"。

5. 第四届联合国环境大会

在 2019 年举办的第四届联合国环境大会上,各成员国不仅在往期会议成果的基础上审议通过了关注废物管理的《化学品和废物健全管理》和《废物的无害环境管理》决议,再次强调了实现"2020 目标"的重要性,提出了在一些国家或地区开展"无废"等创新性废物管理的倡议,并通过了关于全球塑料污染的《治理一次性塑料制品污染》和《海洋塑料垃圾和微塑料》决议,以及推动可持续生产与消费的《实现可持续消费和生产的创新途径》和《促进可持续做法和创新解决办法以遏制粮食损失和浪费》决议,强调通过转变消费与生产习惯的方式应对当前严峻的塑料污染和粮食浪费等问题,健全废物的管理体系,为循环经济和可持续未来搭建框架。

6. 无废欧洲网络

2013 年,欧洲各国成立"无废欧洲网络"(Zero Waste Europe),将欧洲范围内致力于推动"无废"理念的环保组织及超过 300 个欧洲市政部门联合起来形成民间网络联盟。"无废欧洲网络"始终站在欧洲废物管理实践前沿,致力于通过大量项目和政策,推动欧洲"无废"目标的达成。自成立以来,"无废欧洲网络"已经促进了欧洲政策和"无废"项目的实施。2017 年,"无废欧洲网络"发布《"无废"总体规划》,是欧洲针对地方政策制定者、废物管理专业人员和社区工作者所制定的关于"无废"内容和方式的首个工作指南。该规划强调了欧洲地区"无废"策略的核心指导原则、可用的模型以及支持此类策略实施的欧盟法规,并提供了欧洲各地市政当局执行"无废"建设方案的指南。

7. 加速"无废"进程宣言

"C40 城市联盟"是一个致力于应对气候变化的国际城市联合组织,包括中国、美国、加拿大、英国等 96 个国家城市会员。2018 年 8 月 28 日,在美国加利福尼亚州旧金山召开的全球气候行动峰会前,C40 网络中的 23 个城市和地区发布宣言《加速迈向无废》(Advancing Towards Zero Waste)。旧金山、奥克兰、哥本哈根、巴黎等 23 个城市和地区已签约并承诺:到 2030 年,相比 2015 年,人均生活垃圾产生量减少至少 15%,填埋和焚烧的生活垃圾量减少至少 50%,垃圾填埋和焚烧的分流率至少提高到 70%。

8. 国际"无废城市"网络

2020 年 6 月 30 日,第十五届固体废物管理与技术国际会议分论坛——"无废城市"高端论坛在线上平台顺利召开。本次会议由巴塞尔公约亚太区域中心等机构联合主办,邀请了国际城市与中国"11+5"个"无废城市"建设试点进行深入的经验分享和交流,在会议期间举行的"无废城市"高端论坛上,巴塞尔公约亚太区域中心发布了《促进无废城市建设宣言》,并启动了国际"无废城市"网络的建设工作。该网络旨在凝聚世界各地城市,共同促进"无废"目标的实现。同时讲好中国故事,助推中国产业走出去。重点开展以下活动:

(1) 发布关于"无废城市"建设进展的报告和时事通讯,组织经验交流的网络研讨会。

(2) 开展固体废物管理的 BAT/BEP 验证和评价,编制国际固体废物管理技术指南,支撑技术转让,并组织地方政府与产业界的供需对接。

(3) 开展"无废城市"相关科学问题和政策、战略研究,组织实施"无废城市"建设国际合作项目。

(4) 组织培训与意识提升活动。

2022 年 6 月 6 日至 17 日,巴塞尔公约、鹿特丹公约、斯德哥尔摩公约 2022年缔约方大会在瑞士日内瓦召开。依托此次缔约方大会,巴塞尔公约亚太区域中心于 6 月 15 日举办题为"建设无废城市:从理念到实践"的边会,邀请了巴塞尔公约、鹿特丹公约和斯德哥尔摩公约秘书处执行秘书罗尔夫·帕耶先生为会议致辞,他表示非常赞赏中国在"无废城市"领域起到的引领作用,举办本次边会来推动国际"无废城市"建设的进程,希望在全球看到更多"无废城市"的建成。会上,中国代表团、新加坡代表团、巴塞尔公约伊朗区域中心、巴塞尔公约加勒比区域中心分享了"无废城市"建设经验。

截至 2023 年 10 月,共有 5 个国家的 16 个省、市和巴塞尔区域中心正式加入该网络,14 个国家的 30 个城市和 2 个特别地区以及 4 个巴塞尔公约的区域中心通过该网络就"无废城市"建设经验进行了交流。

9. 国际无废日

2022 年 12 月 14 日,第 77 届联合国大会通过决议,宣布 3 月 30 日为国际无废日(International Day of Zero Waste),从 2023 年起每年联合国环境署和人居署共同举办纪念活动。在"国际无废日"期间,邀请会员国、联合国系统各组织、民间社会、私营部门、学术界、青年和其他利益攸关方积极参与,旨在提高公众对"无废倡议"如何促进《2030 年可持续发展议程》的认识,形成可持续消费和生产模式,实现社会向循环型转变。

3.1.3 国际"无废城市"公众参与实践

自 20 世纪 70 年代"无废"(Zero Waste)理念被提出后,围绕"无废"目标确立的"减量化、资源化、无害化、低碳化"的核心思想,全球一些城市在推动公众参与"无废"行动方面进行了富有成效的探索和实践,致力于促进"无废"社会目标的实现。

1. 美国旧金山

美国旧金山在 2002 年宣布"到 2020 年实现零垃圾进入填埋场"的愿景。为实现这一目标,旧金山对特定材料的使用实施了严格的立法管理,为确保禁令的有效实施,旧金山在住宅、企业和学校等地点开展了广泛的宣传活动,帮助市民了解适当的废物处理方法,并通过财政激励手段鼓励市民将废物从混合废物箱转移到指定用于回收或堆肥的垃圾箱。在旧金山环境局官网上提供多种语言的居民废物回收指导,包括"回收与堆肥要求""如何回收和堆肥""家庭有害废弃物处理""为居民安全弃置药物"等"无废"处理科普。随着《强制性回收和堆肥条例》的生效,环境部对居民和企业进行广泛、多语种和挨家挨户的排查。一旦发现垃圾分类不正确,则贴上标记,纠正错误,还走访居民回答有关回收和堆肥的问题。此外,还启动"RecycleWhere"的回收数据库,供居民和企业查找旧金山垃圾回收的全方位信息,帮助居民和企业了解垃圾去向。相对于罚款,环境部门倾向于鼓励教育,以及面对面地帮助居民和企业遵守法律。因此,旧金山在 2012 年实现了近 80% 的废物减量,在美国所有主要城市中比例最高,在垃圾分类方面取得了卓越的成绩。

2. 日本上胜町

20 世纪,日本经济高速发展,生活垃圾主要通过焚烧处理,焚烧中会释放大量有毒气体二噁英,引起了社会的广泛关注。2003 年 9 月,日本上胜町制定高标准的无废目标:到 2020 年完全取代填埋和焚烧方式,成为日本第一个发布"零废弃物宣言"的市町,旨在成为一个创造零废弃物的社会,以保护其丰富的自然和生活方式。垃圾分类最终随着"零废弃物宣言"开始增加到 34 个类别,然后是 45 个类别。上胜町政府将全町生活垃圾管理及回收设施均委托给非营利组织 Zero Waste Academy 进行管理。Zero Waste Academy 负责制定垃圾分类及资源化利用方案、开展垃圾分类回收利用的宣传教育和培训并经营町内唯一的垃圾站,协助政府实施"零垃圾"项目计划。主要通过两项规则来落实:一是不设置垃圾回收车,且厨余垃圾原则上不回收,由住户在家庭内堆肥后回用;二是与日本其他区域相比垃圾分类更加精细。在 Zero Waste Academy 的指导下,上胜町居民将垃圾进行有效清洗整理,以降低回收垃圾处理成本。同时为鼓励居民对生活垃圾进行有效分类和资源化利用,Zero Waste Academy 还制定了垃圾资源回收积分制度。参与垃圾分类的每个家庭都有一张积分卡,每个月通过摇号对十个家庭予以 1000 日元的奖励。上胜町垃圾站目前是町内人气最旺的地方,成为 Zero Waste Academy 开展环境教育的重要窗口,吸引了大量对"零垃圾"项目感兴趣的人们到这里来参观学习,间接增加了服务收入。居民在参与垃圾分类、循环再生、再使用的过程中提升了环境意识,彻底改变了他们与环境的关系。

3. 意大利卡潘诺里市

2007 年,意大利卡潘诺里市的托斯卡纳小镇签署了欧盟零废弃战略协议,成为首个签署此协议的小镇。作为欧洲城市固体废物回收率最高的小镇之一,其"零废弃"战略的实施依靠强有力的政策推行和广泛的社区参与。小镇反对一座焚烧厂的建成,引发了一场意大利范围内的"零废弃"基层运动。原因在于相比回收,焚烧加大了资源可持续利用的挑战,焚烧从废物中捕获的能量相比物料回收,是相当有限的。对比签署欧盟零废弃战略协议前,10 年间,2017 年废物产生量减少 40%,82% 的废物实现分类收集。2012 年,一些村民开始遵守"污染者付费"的废物计量收费制度,阅读器里的微型芯片通过扫描垃圾袋上的标签来记录每家每户扔垃圾的频率。这种新的收费制度鼓励了更好的垃圾分类和垃圾减量,使得当地的资源分类回收率达到 90%。当地几乎全部居民(98.6%)均能获得"零废弃"战略实施后给生活和环境带来的变化,居民积极参加分类收集的培训会。由于产生的废弃物锐减,卡潘诺里市节省了大批垃圾运送费和填埋费,这些省下来的资金被投入垃圾减量化的基础设施建设和招聘管理人员中,形成了良好的循环。在卡潘诺里市的示范和带动下,现在有上百个欧洲城市加入"零废弃"战略的行列中来。2013 年,卡潘诺里市"零废弃"战略的领导者洛萨诺·厄科里尼荣获了有"绿色诺贝尔奖"之称的戈德曼环境奖。

4. 德国柏林市

柏林是德国第一大城市,是欧洲"无废城市"网络的成员,也是德国废弃物管理的示范区域之一。实现"无废城市"是柏林长期性、根本性的目标,通过不断努力,该市日益成为全球"无废城市"的引领者。制定了《柏林城市零废物策略(2020—2030 年)》,该战略指出,城市垃圾管理目标为通过加强废物咨询与公共关系工作,通过避免塑料包装的使用和食物浪费及旧物再利用处理模式,完善家庭生活垃圾源头减量,建立资源化利用系统。废弃物管理的关键在于促进公众参与,依靠全方位的环保宣传教育培养居民具有良好的环保意识和垃圾相关知识。柏林市引导居民参与垃圾循环管理过程,鼓励居民自主上门回收旧物品、建立庭院堆肥厂等,在学校教育中学习垃圾分类,使居民养成垃圾分类的习惯。采取多种形式的经济激励机制,促进公众源头分类减量。实行垃圾缴费制度,刺激家庭减少垃圾的产生(计量收费)或为垃圾处理提供资金(等额收费)。此外,押金返还制促使消费者分类返还抵押物有利于回收再利用,从源头减少过度包装产品。同时柏林市政府还制定了一套严格的处罚规定,一旦发现有居民乱倒垃圾就会发警告信,如不及时改正会发罚单,再不改正就会提高垃圾费用,从而加重整个小区住户的垃圾处理费用。柏林有数量众多的独立自发的环保组织如联邦自然保护协会、青年环保联合会等,积极开展垃圾减量活动。许多社区有生态民主参政体制,居民就生态治理问题与政府、企业交流沟通,提出合理化意见,倡导并践行绿色的生活方式和消费方式。

5. 加拿大温哥华市

2011 年以来,温哥华市陆续出台了多项计划,包括成为"无废城市"的计划,并在 2018 年出台了《无废 2040》战略计划,明确提出到 2040 年实现没有城市废弃物(包括生活、商业及建筑废弃物)被焚烧或填埋的"无废目标",并提出将传统的资源"开采—生产—消费—处理"的线性模式向循环经济模式转型,在实现"无废目标"的过程中将有助于实现社会目标、形成"无废"文化、减少碳排放以及生态足迹。"无废目标"的四大优先领域分别为食品、消费品、建筑、最终处理,强调减少废弃物带来的经济、社会、环境效应,因此形成了多行业多机构互相协作。整体来看,废弃物管理体系基本是政府主导、生产企业负责、家庭分类投放、商业企业签约专门服务商。在家庭生活废弃物方面,温哥华市政府为每户家庭免费提供灰色垃圾箱,收集用于焚烧或填埋的生活废弃物以及绿色垃圾箱收集厨余;Recycle BC 公司通过在住宅区放置不同类垃圾箱及提供上门服务,为所有家庭提供可循环利用的生活废弃物的收集及循环利用服务。这些管理模式、法律、措施为实现"无废城市"打下了坚实的基础。

6. 法国鲁贝市

法国北部贫困城市鲁贝(Roubaix,贫困率达 44.3%)的市政府与法国"行之有效"联合会(FFTM)携手发起一项名为"零废弃"的战略,旨在鼓励居民接纳"零废弃"的生活方式。"零废弃"战略不将废物视为需要管理的废物流,而是首先将废物视为某种生活方式和消费模式的产物。鲁贝市将目光锁定在废物产生的根本原因上,选择从源头管理废物,联合家庭、学校、协会和企业,做出减少产生废物的承诺。以学校为例,校方配发了可重复使用的餐具,孩子们养成了不浪费食物的好习惯,员工会把餐厨垃圾做堆肥处理。其次是将鲁贝市视为一个生态体系,强调社会与生活方式的全面转型。鉴于所有相关方都是彼此紧密联系的,各方都被纳入"零废弃"战略的实施中,这就促使每一个人改变生活和消费模式,撬动城市代谢产生转变。最后是发起为期一年的家庭挑战行动,呼吁家庭将其废弃物减半。结果有 100 户居民先自愿参与挑战行动。市政部门开办多次生活垃圾分类培训会。一年后,家庭挑战行动成效显著:25% 的家庭减少了 80% 的废弃物,70% 的家庭废弃物产生量减少了 50%,同时还节省了家庭支出。在各方的努力下,鲁贝市的"零废弃"战略不仅成为环境议程的一部分,而且也是城镇转型的一部分,因此当地执政党和反对派都高度支持。

7. 英国伦敦

2017年伦敦市长萨迪克·汗(Sadiq Khan)发布了伦敦的《环境战略》,承诺打造伦敦为零废弃城市,到2026年垃圾填埋场将无生物可降解的废弃物或者可回收物,到2030年,伦敦65%的城市废弃物被循环再利用。在利用资源方面,伦敦采取循环处理方式,尽可能发挥材料的最大效益,并最大限度降低其环境危害。承诺到2025年每人产生的厨余垃圾降低20%,减少塑料瓶装和咖啡纸杯的产生,到2030年循环再利用伦敦65%的城市废弃物,以及到2026年不再将可生物降解废弃物和可回收废弃物送往填埋场。为了实现这些目标,推行更可持续更循环的经济模式,在源头就设计防止原材料变为废弃物,确保这些原材料方便被回收和再利用。伦敦市政府向伦敦市民、废弃物机构、政府和其他利益相关方做出承诺,将有效地减量废弃物、最大限度地提高废弃物回收利用率、减少废弃物处置过程带来的环境影响、最大限度完善废弃物处置场地并确保伦敦有足够的基础设施来管理废弃物、承诺支持各种废弃物减量运动,伦敦零废弃战略被认为是英国零废弃运动日益壮大的标志。

8. 荷兰阿姆斯特丹市

阿姆斯特丹市提出了"循环战略2020—2025",旨在大幅度减少新原材料的使用,促进城市可持续发展。战略目标确定2030年将新原材料的使用减少一半,到2050年实现完全的循环利用。其基础是对原材料加以再利用,从而避免浪费并降低二氧化碳排放。战略主要聚焦于食品和有机废物流、消费品、建筑环境三大方面,希望通过生活方式的根本改变,为未来发展留有空间。为实现该目标,政府与消费者、市民、投资者、科研机构、企业、团体组织、行业协会等方方面面的利益相关方进行持续沟通与对话,成立了可持续发展委员会,由公司、科研机构、非政府组织和团体联合组织构成,对可持续发展政策及执行提供意见,并被纳入政府发布的政策文件。政府为社会各方提供相应的信息和支持,建立了网站,通过大数据、可视化与交互技术呈现包括可持续发展信息在内的方方面面的信息。

9. 新加坡

2014年11月,新加坡发布《新加坡可持续蓝图2015》,对废物管理系统提出"迈向零废物"国家愿景,旨在为新加坡民众提供更加宜居和可持续发展的未来。蓝图提出,通过减量、再利用和再循环,努力实现食物和原料无浪费,并尽可能将其再利用和回收,给所有材料第二次生命,使新加坡成为一个"零废物"

国家。目标为到 2030 年,废物综合回收率达到 70%,生活垃圾回收率从 2013 年的 20% 上升到 30%,非生活垃圾回收率从 2013 年的 77% 上升到 81%。新加坡制定了四个战略。在源头减少废物产生量方面,鼓励消费者通过减少、再利用和维修等减少废物产生。在循环利用到达使用寿命的产品战略中,教育和鼓励公众及生产者通过适当的收集系统和再利用设施循环利用所有产品,实现资源回收最大化。举办“节省食物浪费”(Save Food Cut Waste)活动,以教育新加坡的个人、企业和组织有关食物浪费的环境和社会影响,并鼓励所有人采取行动减少食物浪费,为个人提供技巧,并为企业提供减少、重新分配和回收食品废物的最佳实践,志愿者为公司和学校开展讲座。

以上实践表明,随着经济社会的发展和废弃物管理体系的完善,实现“无废”成为越来越多国家和城市的规划目标。充分传播信息和公众意识培养是废弃物管理最基础但又非常重要的部分,公众参与行动已经成为“无废”目标实现的核心力量。

3.2 认识我国“无废城市”

3.2.1 由垃圾围城向“无废城市”转变

我国是世界上人口仅次于印度的国家,虽然我国资源总量丰富,但人均资源占有量远低于世界平均水平,资源粗放利用问题依然突出。同时,固体废物产生量最大,每年新增固体废物 100 亿吨左右,历史堆存总量高达 600 亿～700 亿吨。一些城市由于固体废物产生量大,出现严重的“垃圾围城”,固体废物处理处置项目的“邻避”效应问题日益突出。

同时,我们意识到,废物也是潜在的资源,应采用一种系统性的方法,实现资源利用最大化、全方位减少废物产生、降低废物管理过程中的环境风险。城市管理不仅仅是废物产生后的管理,还包括资源有效利用、预防废物产生、从源头和供应链下游各环节削减废物量,以及减少废物的填埋和焚烧处置量。

在废物管理方面,我国很早就开始了废物的减量化和资源化管理。1995 年我国首次颁布《中华人民共和国固体废弃物污染环境防治法》,后经过 5 次修订/修正,最近一次修订于 2020 年 4 月 29 日通过。其从固体废弃物污染环境防治应遵循的客观规律出发,提出固体废弃物污染环境防治坚持减量化、资源化和无害化原则。2008 年 8 月,全国人大常委会通过《中华人民共和国循环经济促进法》,自 2009 年 1 月 1 日起实施,2018 年 10 月进行了修正,强调在生产、流通和消费等过程中进行减量化、再利用、资源化。

当前,我国正处于从工业文明向生态文明迈进的阶段,全社会要节约资源,减轻资源开采利用和固体废物处理不当带来的生态环境破坏,从源头消除对城市生活环境的影响,提升城市固体废物环境管理水平,实现城市可持续发展,促进生态宜居的美丽中国建设。

中国工程院院士杜祥琬认为:可持续发展的社会要从一个吞噬资源的消耗体,变为一个将消耗转化为资源的循环体,这个"变"是社会的核心能力之一,是拥有未来的战略制高点。

3.2.2　"无废城市"定义

2019年1月,国务院办公厅印发《"无废城市"建设试点工作方案》,提出建设"无废城市"。

"无废城市"是以创新、协调、绿色、开放、共享的新发展理念为引领,通过推动形成绿色发展方式和生活方式,持续推进固体废物源头减量和资源化利用,最大限度减少填埋量,将固体废物环境影响降至最低的城市发展模式,是一种先进的城市管理理念。

"无废城市"以大宗工业固体废物、主要农业废弃物、生活垃圾和建筑垃圾、危险废物为重点,实现源头大幅减量、充分资源化利用和安全处置,促进城市走绿色低碳循环发展之路,为全面加强生态环境保护、建设美丽中国作出贡献。

建设"无废城市"有利于提高资源利用率,实现高质量发展。"无废城市"从生产生活的全过程入手,争取达到整个城市固体废物产生量最小、资源化充分利用、处置安全的效果,能够将固体废物环境影响降至最低。以新发展理念为引领,加快推进城市绿色低碳转型、产业结构的升级,有效助推城市高质量发展。"无废城市"建设对于深入打好污染防治攻坚战和实现碳达峰碳中和等重大战略具有重要作用,是建设"美丽中国"的细胞工程。

3.2.3　"无废城市"是否会产生固体废物

"无废城市"并不是指城市没有固体废物产生,也不意味着固体废物能够完全资源化利用,而是构建一种新的经济体系和社会发展模式,旨在从城市整体层面深化固体废物综合管理改革,最终实现整个城市固体废物生产量最小、资源化利用充分、处置安全的目标。对于促进城市绿色发展转型、提高城市生态环境质量、提升城市宜居水平,具有重大而深远的意义。

"无废城市"作为建设美丽中国的细胞工程,是一种先进的城市管理理念,不仅能够为城市废物做减法、与经济社会的可持续发展需求有机结合,还能够使经济发展过程中资源利用率更高、社会效益更好,使公众的获得感、幸福感、安全感更加充实、更有保障、更可持续。实现"无废城市",不仅需要政府发挥宏观指导作用,还需要全社会共同参与,通力合作,共同实现这一目标。

3.3 "无废城市"离我们有多远?

3.3.1 建设"无废城市"顶层设计

党中央、国务院高度重视固体废物污染防治工作。党的十八大以来,以习近平同志为核心的党中央把生态文明建设和生态环境保护摆在治国理政的突出位置,对固体废物污染防治工作的重视程度前所未有。习近平总书记先后多次作出有关重要指示批示,主持召开会议专题研究部署固体废物进口管理制度改革、生活垃圾分类、塑料污染治理等工作,亲自推动有关改革进程。

为探索建立固体废物产生强度低、循环利用水平高、填埋处置量少、环境风险小的长效体制机制,推进固体废物领域治理体系和治理能力现代化,2018年年初,中央全面深化改革委员会将"无废城市"建设试点工作列入年度工作要点。

为了提高城市生态环境质量,增强民生福祉,2019年1月,国务院办公厅印发了《"无废城市"建设试点工作方案》(以下简称《试点方案》),《试点方案》提出以创新、协调、绿色、开放、共享的新发展理念为引领,开展"无废城市"试点,首批在全国筛选10个城市和地区作为"无废城市"建设试点,形成一批可复制、可推广的示范模式,到2020年,系统构建"无废城市"建设指标体系,探索建立"无废城市"建设综合管理制度和技术体系,形成一批可复制、可推广的"无废城市"建设示范模式。推动"无废城市"试点建设逐步走向"无废社会",提升生态文明,建设美丽中国。

3.3.2 "无废城市"建设试点探索与实践

2019年4月,经各省推荐,生态环境部会同相关部门筛选,确定以下11个城市为"无废城市"试点城市:广东省深圳市、内蒙古自治区包头市、安徽省铜陵市、山东省威海市、重庆市(主城区)、浙江省绍兴市、海南省三亚市、河南省许昌市、江苏省徐州市、辽宁省盘锦市、青海省西宁市。

此外,河北雄安新区(新区代表)、北京经济技术开发区(开发区代表)、中新天津生态城(国际合作代表)、福建省光泽县(县级代表)、江西省瑞金市(县级市代表)作为特例,参照"无废城市"建设试点一并推动。

"无废城市"建设试点共有六项重点任务:

(1)强化顶层设计引领,发挥政府宏观指导作用。

(2) 实施工业绿色生产,推动大宗工业固体废物贮存处置总量趋零增长。

(3) 推行农业绿色生产,促进主要农业废弃物全量利用。

(4) 践行绿色生活方式,推动生活垃圾源头减量和资源化利用。

(5) 提升风险防控能力,强化危险废物全面安全管控。

(6) 激发市场主体活力,培育产业发展新模式。

各试点城市在政府及社会各界的共同努力下,在"无废城市"建设试点工作中取得显著成效,形成了一批可复制的推广模式,示范带动作用明显,为在全国范围内深入开展"无废城市"建设积累了经验,探索了路径。试点期间取得如下主要经验:

(1) 推动城市加快形成节约资源和保护环境的空间格局、产业结构、生产方式、生活方式,综合治理、系统治理、源头治理城市固体废物,取得明显进步。

(2) 提升了固体废物利用处置能力和监管水平,有效防范了生态环境风险。

(3) 加快历史遗留固体废物环境问题解决,推进了城乡基础设施补短板工作进程。

(4) 带动投资固体废物源头减量、资源化利用、最终处置工程项目,取得较好的生态环境效益、社会效益和经济效益。

(5) "无废"理念逐步深入人心,成为社会共识,得到了社会支持和响应。通过开展形式多样的宣传教育活动,推进节约型机关、绿色饭店、绿色学校等"无废细胞"建设,营造了良好的文化氛围,绿色生活成为社会时尚。

试点经验表明,"无废城市"建设有助于加快推进城市绿色低碳转型,以高水平固体废物管理推动城市高质量发展,为公众创造高品质生活。

3.4   "十四五"期间"无废城市"的建设

3.4.1   总体目标和重点任务

为统筹城市发展与固体废物管理,推动城市全面绿色转型,深入打好污染防治攻坚战、推动实现碳达峰碳中和、建设美丽中国作出贡献,2021年12月,生态环境部会同国家发展和改革委员会、工业和信息化部、财政部等17个部门和单位联合印发《"十四五"时期"无废城市"建设工作方案》(以下简称《工作方案》)。

《工作方案》提出,"十四五"时期"无废城市"建设思路为深入贯彻习近平生态文明思想,立足新发展阶段、贯彻新发展理念、构建新发展格局、推动高质量发展,统筹城市发展与固体废物管理,坚持"三化"原则、聚焦减污降碳协同增效,推动100个左右地级及以上城市开展"无废城市"建设。到2025年,"无废城市"固体废物产生强度较快下降,综合利用水平显著提升,无害化处置能力有效保障,减污降碳协同增效作用充分发挥,基本实现固体废物管理信息"一张网","无废"理念得到广泛认同,固体废物治理体系和治理能力得到明显提升。

"无废城市"建设有七个方面的重点任务:

一是科学编制实施方案,强化顶层设计引领。重点是加强规划衔接,建立评估考核制度,强化基础设施保障。

二是加快工业绿色低碳发展,降低工业固体废物处置压力。重点是结合工业领域减污降碳要求,加快探索重点行业工业固体废物减量化和"无废矿区""无废园区""无废工厂"建设的路径模式。

三是促进农业农村绿色低碳发展,提升主要农业固体废物综合利用水平。重点是发展生态种植、生态养殖,建立农业循环经济发展模式,促进畜禽粪污、秸秆、农膜、农药包装物回收利用。

四是推动形成绿色低碳生活方式,促进生活源固体废物减量化、资源化。重点是大力倡导"无废"理念,深入开展垃圾分类,加快构建废旧物资循环利用体系,推进塑料污染全链条治理,推进市政污泥源头减量和资源化利用。

五是加强全过程管理,推进建筑垃圾综合利用。重点是大力发展节能低碳建筑,全面推广绿色低碳建材,推动建筑材料循环利用。

六是强化监管和利用处置能力,切实防控危险废物环境风险。重点是实施危险废物规范化管理、探索风险可控的利用方式、提升集中处置基础保障能力。

七是加强制度、技术、市场和监管体系建设,全面提升保障能力。重点是完善部门责任清单、统计、信息披露等制度;加强先进技术的研发应用和标准制定;完善市场化机制;强化信息化、排污许可等管理措施。

建设"无废城市"、提升城市生态环境质量、增强民生福祉是建设美丽中国的细胞工程。形成绿色低碳生活方式已经成为"无废城市"建设的重点任务之一,需要政府发挥宏观指导作用,各行业部门通力合作,以及公众积极践行,共同改善城市环境质量,建设美丽中国。

3.4.2 "十四五"时期"无废城市"建设名单

为落实《中共中央国务院关于深入打好污染防治攻坚战的意见》和《"十四五"时期"无废城市"建设工作方案》,2022年4月24日生态环境部会同有关部门,根据各省份推荐情况,综合考虑城市基础条件、工作积极性和国家相关重大战略安排等因素,确定并公布了"十四五"时期开展"无废城市"建设的城市名单。此外,雄安新区、兰州新区、光泽县、兰考县、昌江黎族自治县、大理市、神木市、博乐市8个特殊地区参照"无废城市"建设要求一并推进,见表3-1。

表 3-1 "十四五"时期"无废城市"建设名单

一、直辖市

序号	省　份	建　设　范　围
1	北京市	密云区、北京经济技术开发区
2	天津市	主城区(和平区、河西区、南开区、河东区、河北区、红桥区)、东丽区、滨海高新技术产业开发区、东疆保税港区、中新天津生态城
3	上海市	静安区、长宁区、宝山区、嘉定区、松江区、青浦区、奉贤区、崇明区、中国(上海)自由贸易试验区临港新片区
4	重庆市	中心城区(渝中区、大渡口区、江北区、沙坪坝区、九龙坡区、南岸区、北碚区、渝北区、巴南区、两江新区、重庆高新技术产业开发区)

二、省(自治区)

序号	省　份	城　市　名　单
5	河北省	石家庄市、唐山市、保定市、衡水市
6	山西省	太原市、晋城市
7	内蒙古自治区	呼和浩特市、包头市、鄂尔多斯市
8	辽宁省	沈阳市、大连市、盘锦市
9	吉林省	长春市、吉林市
10	黑龙江省	哈尔滨市、大庆市、伊春市
11	江苏省	南京市、无锡市、徐州市、常州市、苏州市、淮安市、镇江市、泰州市、宿迁市
12	浙江省	杭州市、宁波市、温州市、湖州市、嘉兴市、绍兴市、金华市、衢州市、舟山市、台州市、丽水市
13	安徽省	合肥市、马鞍山市、铜陵市
14	福建省	福州市、莆田市
15	江西省	九江市、赣州市、吉安市、抚州市
16	山东省	济南市、青岛市、淄博市、东营市、济宁市、泰安市、威海市、聊城市、滨州市
17	河南省	郑州市、洛阳市、许昌市、三门峡市、南阳市
18	湖北省	武汉市、黄石市、襄阳市、宜昌市
19	湖南省	长沙市、张家界市
20	广东省	广州市、深圳市、珠海市、佛山市、惠州市、东莞市、中山市、江门市、肇庆市
21	广西壮族自治区	南宁市、柳州市、桂林市
22	海南省	海口市、三亚市
23	四川省	成都市、自贡市、泸州市、德阳市、绵阳市、乐山市、宜宾市、眉山市
24	贵州省	贵阳市、安顺市

续表

序号	省　份	城　市　名　单
25	云南省	昆明市、玉溪市、普洱市、西双版纳傣族自治州
26	西藏自治区	拉萨市、山南市、日喀则市
27	陕西省	西安市、咸阳市
28	甘肃省	兰州市、金昌市、天水市
29	青海省	西宁市、海西蒙古族藏族自治州、玉树藏族自治州
30	宁夏回族自治区	银川市、石嘴山市
31	新疆维吾尔自治区	乌鲁木齐市、克拉玛依市

第4章

"无废城市"引领绿色低碳生活

建设"无废城市"需要改革传统的生产方式、生活方式、思维方式和价值观念。低碳绿色生活助力"无废城市"建设需要构建政府、企业、社会组织、公众共同参与、共同建设、共同享有的全民绿色低碳行动体系,为美丽中国建设贡献力量。

4.1 生活方式绿色转型

4.1.1 绿色生活方式

2019年4月28日,习近平总书记出席2019年中国北京世界园艺博览会开幕式并发表重要讲话:"我们应该追求热爱自然情怀。我们要倡导简约适度、绿色低碳的生活方式,形成文明健康的生活风尚;倡导环保意识、生态意识,构建全社会共同参与的环境治理体系;倡导尊重自然、爱护自然的绿色价值观念,形成深刻的人文情怀。"

中共中央、国务院《关于加快推进生态文明建设的意见》首次提出"绿色化"概念。"绿色化"包括生产方式绿色化和生活方式绿色化。

生产方式绿色化要求构建科技含量高、资源消耗低、环境污染少的产业结构,大幅提高经济绿色化程度,有效降低发展的资源环境代价。

生活方式绿色化要求提高全民生态文明意识,培育绿色生活方式,推动全民在衣、食、住、行、游等方面加快向勤俭节约、绿色低碳、文明健康的方式转变,坚决抵制和反对各种形式的奢侈浪费、不合理消费。

生活方式绿色化是思想观念、消费模式、社会治理等方面的变革,是可持续发展战略的具体化和明确化,也是政府、企业和公众的共同责任,需要社会各界共同参与、共同建设、共同享有。要充分发挥公众的积极性、主动性、创造性,凝聚民心、集中民智、汇聚民力,鼓励和引导做绿色生活的倡导者、宣传者和实践者,形成人人、事事、时时崇尚生态文明的社会新风尚,共同创造绿色美好生活,为美丽中国建设作出贡献。实践表明,全社会自觉参与和践行节约资源和保护环境,实现生活方式和消费模式向绿色化转型变革,对节约资源与环境保护影响巨大,将带来巨大的环境效益和经济效益。

4.1.2　引领推动生活方式绿色化

为贯彻落实中央《关于加快推进生态文明建设的意见》和新修订的《中华人民共和国环境保护法》有关要求,2015 年 10 月环境保护部印发《关于加快推动生活方式绿色化的实施意见》(以下简称《意见》),要求通过各级环保部门宣传教育,弘扬生态文明价值理念;完善政策,建立系统完整的制度体系,引导实践,倡导绿色生活方式,为生态文明建设奠定坚实的社会、群众基础。

1. 主要目标

到 2020 年,生态文明价值理念在全社会得到推行,全民生活方式绿色化的理念明显加强,生活方式绿色化的政策法规体系初步建立,公众践行绿色生活的内在动力不断增强,社会绿色产品服务快捷便利,公众绿色生活方式的习惯基本养成,最终全社会实现生活方式和消费模式向勤俭节约、绿色低碳、文明健康的方向转变,形成人人、事事、时时崇尚生态文明的社会新风尚。

2. 生活方式绿色化的重要性

(1) 每个人时刻秉持节约优先,力戒奢侈浪费和不合理消费,逐步培育生活方式绿色化的习惯。在衣、食、住、行、游等各个领域,加快向绿色转变,通过绿色消费倒逼绿色生产,为全社会生产方式、生活方式绿色化贡献力量。

(2) 推动生活方式绿色化理念深入人心,积极培育生态文化、生态道德,使生态文明成为社会主流价值观。

(3) 大力宣传《中华人民共和国环境保护法》关于"一切单位和个人都有保护环境的义务"和"公民应当增强环境保护意识,采取低碳、节俭的生活方式,自觉履行环境保护义务"的规定。让公众认识到绿色生活方式既是个人选择,也是法律义务,形成守法光荣、违法可耻、节约光荣、浪费可耻的社会氛围。

3. 生活方式绿色化的政策措施

(1) 促进生产、流通、回收等环节绿色化。引导企业采用先进的设计理念、使用环保原材料、提高清洁生产水平。推进绿色包装,促进绿色采购,鼓励企业开展源头减量、综合利用、废物分类回收处理。

（2）推进衣、食、住、行等领域绿色化。引导绿色饮食，鼓励餐饮行业减少提供一次性餐具、对餐厨垃圾实施分类回收与利用。推广绿色服装，倡导绿色居住，倡导低碳、环保出行。

4. 引领生活方式向绿色化转变

（1）构建推动生活方式绿色化全民行动体系。开展生活方式绿色化活动。开展绿色生活"十进"活动（进家庭、进机关、进社区、进学校、进企业、进商场、进景区、进交通、进酒店、进医院）。

（2）调动公众积极主动参与。将生活方式绿色化全民行动纳入文明城市、文明单位、文明家庭创建内容。建立推动生活方式绿色化的志愿者队伍，推广"少开一天车""空调26度""光盘行动"等品牌环保公益活动。

（3）发挥典型示范引领作用。树立并表彰节约消费榜样，激发全社会践行绿色生活的热情。注重引导青壮年群体践行绿色生活方式，发挥幼儿、中小学生、大学生在全社会的带动辐射作用。

（4）培育生态环境文化。开展以绿色生活、绿色消费为主题的环境文化活动，传播绿色生活科学知识和实践方法，以及传统生态文化思想、资源和产品，提升公众生态文明意识和道德素养。

4.2 "无废城市"绿色低碳生活

建设"无废城市"是一项系统工程，政府发挥法律和政策手段的主导作用，引导和促进公众践行绿色生活方式，形成协同治理合力，为生活垃圾源头减量以及充分资源化利用作出贡献。

4.2.1 "无废城市"试点绿色生活总要求

《"无废城市"建设试点工作方案》（以下简称《试点方案》）提出，应全面增强生态文明意识，将绿色低碳循环发展作为"无废城市"建设重要理念，推动形成简约适度、绿色低碳、文明健康的生活方式和消费模式。充分发挥社会组织和公众监督作用，形成全社会共同参与的良好氛围。

《试点方案》提出绿色生活任务如下：

（1）要引导社会各界积极践行绿色生活方式，推动生活垃圾源头减量和资源化利用。

（2）以绿色生活方式为引领，促进生活垃圾减量。通过发布绿色生活方式指南等，引导公众在衣、食、住、行等方面践行简约适度、绿色低碳的生活方式。

（3）支持发展共享经济，减少资源浪费。

（4）限制生产、销售和使用一次性不可降解塑料袋、塑料餐具，扩大可降解塑料产品的应用范围。

（5）加快推进快递业绿色包装应用，基本实现同城快递环境友好型包装材料全面应用。推动公共机构无纸化办公。在宾馆、餐饮等服务性行业，推广使用可循环利用物品，限制使用一次性用品。创建绿色商场，培育一批应用节能技术、销售绿色产品、提供绿色服务的绿色流通主体。

（6）要强化宣传引导。面向学校、社区、家庭、企业开展生态文明教育，凝聚民心、汇集民智，推动生产生活方式绿色化。

（7）加大固体废物环境管理宣传教育，有效化解"邻避效应"，引导形成"邻利效应"。

（8）将绿色生产生活方式等内容纳入有关教育培训体系。依法加强固体废物产生、利用与处置信息公开，充分发挥社会组织和公众监督作用。

为落实《国务院办公厅关于印发"无废城市"建设试点工作方案的通知》（国办发〔2018〕128号）要求，引导城市开展试点工作，2019年5月8日生态环境部颁布了《"无废城市"建设指标体系（试行）》（以下简称《指标体系》），见表4-1。《指标体系》以创新、协调、绿色、开放、共享的发展理念为引领，坚持科学性、系统性、可操作性和前瞻性原则，以固体废物减量化和资源化利用为核心，从固体废物源头减量、资源化利用、最终处置、保障能力、群众获得感5个方面进行设计，其中纳入了绿色生活指标。

表 4-1 "无废城市"建设指标体系（试行）（绿色生活指标）

序号	一级指标	二级指标	三级指标	数据来源
1	固体废物源头减量	生活领域源头减量	开展"无废城市细胞"建设的单位数量（机关、企事业单位、饭店、商场、集贸市场、社区、村镇、家庭）	各相关部门
2	群众获得感	群众获得感	"无废城市"建设宣传教育培训普及率	第三方调查
3			政府、企事业单位、公众对"无废城市"建设的参与程度	
4			公众对"无废城市"建设成效的满意程度	

4.2.2 "十四五"时期"无废城市"建设绿色低碳生活总要求

2021年11月，生态环境部会同国家发展和改革委员会等17个部门和单位联合印发《"十四五"时期"无废城市"建设工作方案》（以下简称《建设工作方案》）。《建设工作方案》在工作任务中提出，推动形成绿色低碳生活方式，促进

生活源固体废物减量化、资源化,相关重点工作任务如下:

(1)大力倡导"无废"理念,以节约型机关、绿色采购、绿色饭店、绿色学校、绿色商场、绿色快递网点(分拨中心)、"无废景区"等为抓手,推动形成简约适度、绿色低碳、文明健康的生活方式和消费模式。

(2)坚决制止餐饮浪费行为,推广"光盘行动",引导消费者合理消费。

(3)积极发展共享经济,推动二手商品交易和流通。

(4)深入推进生活垃圾分类工作。建立完善分类投放、分类收集、分类运输、分类处理系统。

(5)加快构建废旧物资循环利用体系。

(6)推进塑料污染全链条治理,大幅减少一次性塑料制品使用,推动可降解替代产品应用,加强废弃塑料制品回收利用。

(7)加快快递包装绿色转型,推广可循环绿色包装应用。

(8)开展海洋塑料垃圾清理整治。

《建设工作方案》提出,增强全民节约意识、环保意识、生态意识,倡导简约适度、绿色低碳的生活方式,把建设美丽中国转化为全体公民自觉行动。面向学校、社区、家庭、企业开展生态文明教育,凝聚民心、汇集民智,推动生产生活方式绿色化。积极探索创新宣传方式,增强宣传实效。将绿色生产生活方式等内容纳入有关教育培训体系,为"无废城市"建设提供保障。

为落实推动形成绿色低碳生活方式,在《"无废城市"建设指标体系(2021年版)》中纳入绿色生活指标(表4-2)。

表4-2　"无废城市"建设绿色生活指标体系(2021年版)(绿色低碳生活指标)

序号	一级指标	二级指标	三级指标	指标解释	数据来源
1	保障能力	体系制度建设	开展"无废城市细胞"建设的单位数量(机关、企事业单位、饭店、商场、集贸市场、社区、村镇)	指按照"无废城市"建设要求开展固体废物源头减量和资源化利用工作的机关、企事业单位、饭店、商场、集贸市场、社区、村镇等单位数量(含开展绿色工厂、绿色矿山、绿色园区、绿色商场等绿色创建工作的单位)。各地因地制宜编制"无废城市细胞"行为守则、倡议、标准等,并推动实施。该指标用于促进"无废城市细胞"推广建设,推动实现绿色生活和绿色生产方式	各相关部门

序号	一级指标	二级指标	三级指标	指标解释	数据来源
2	群众获得感	群众获得感	"无废城市"建设宣传教育培训普及率	指"无废城市"建设宣传教育培训开展情况,包括通过电视、广播、网络、客户端等方式,对党政机关、学校、企事业单位、社会公众等开展宣传教育培训等的情况;城市固体废物利用处置基础设施向公众开放情况等。该指标用于促进各地加强公众对"无废城市"建设的了解程度	第三方调查
3			政府、企事业单位、非政府环境组织、公众对"无废城市"建设的参与程度	指政府、企事业单位、非政府环境组织、公众参与"无废城市"建设的程度,例如参加生活垃圾分类、塑料制品的减量替代、厨余垃圾减量等情况。该指标用于促进各地不断提升"无废城市"建设的全民参与程度	
4			公众对"无废城市"建设成效的满意程度	反映公众对所在城市工业固体废物、生活垃圾、建筑垃圾、农业固体废物等固体废物管理现状的满意程度。该指标用于促进各地加大工作力度,提升公众对"无废城市"建设成效的满意程度	

　　《建设工作方案》要求,各城市要因地制宜编制"无废城市细胞"行为守则、倡议、标准等,并推动实施,促进"无废城市细胞"推广建设,加强公众对"无废城市"建设的了解程度,不断提升"无废城市"建设的全民参与程度,提升公众对"无废城市"建设成效的满意程度,大力推动实现绿色生活和绿色生产方式,促进生活源固体废物减量化、资源化。

4.3　绿色低碳生活政策体系赋能"无废城市"建设

4.3.1　绿色生活创建行动

　　2019年10月,国家发展和改革委员会印发《绿色生活创建行动总体方案》。通过开展节约型机关、绿色家庭、绿色学校、绿色社区、绿色出行、绿色商场、绿色建筑等创建行动,广泛宣传推广简约适度、绿色低碳、文明健康的生活理念和生活方式,建立完善绿色生活的相关政策和管理制度,推动绿色消费,促进绿色发展。

1. 目标

到 2022 年,绿色生活创建行动取得显著成效,生态文明理念更加深入人心,绿色生活方式得到普遍推广,通过宣传一批成效突出、特点鲜明的绿色生活优秀典型,形成崇尚绿色生活的社会氛围。

2. 助力"无废城市"建设重点内容

(1) 实施节约型机关创建行动

县级及以上党政机关健全节约能源资源管理制度。加大政府绿色采购力度,带头采购更多环保、再生等绿色产品。推行绿色办公,使用循环再生办公用品,推进无纸化办公。率先全面实施生活垃圾分类制度。到 2022 年,力争 70% 左右的县级及以上党政机关达到创建要求。

(2) 实施绿色家庭创建行动

努力提升家庭成员生态文明意识,学习资源环境方面的基本国情、科普知识和法规政策。优先购买绿色产品,减少家庭能源资源消耗。主动践行绿色生活方式,不浪费粮食,减少使用一次性塑料制品,尽量采用公共交通方式出行,实行生活垃圾减量分类。到 2022 年,力争全国 60% 以上的城乡家庭初步达到创建要求。

(3) 实施绿色学校创建行动

大中小学开展生态文明教育,提升师生生态文明意识。中小学结合课堂教学、专家讲座、实践活动等开展生态文明教育,大学设立生态文明相关专业课程和通识课程,探索编制生态文明教材读本。打造节能环保绿色校园,积极采用环保、再生等绿色产品。培育绿色校园文化,组织多种形式的校内外绿色生活主题宣传。推进绿色创新研究,有条件的大学要发挥自身学科优势,加强绿色科技创新和成果转化。

到 2022 年,60% 以上的学校达到创建要求,有条件的地方要争取达到 70%。

(4) 实施绿色社区创建行动

建立健全社区人居环境建设和整治制度,促进社区垃圾分类、设施维护等工作有序推进。推进社区基础设施绿色化。营造社区宜居环境,培育社区绿色文化,开展绿色生活主题宣传,贯彻共建共治共享理念,发动居民广泛参与。到

2022年,力争60%以上的社区达到创建要求,基本实现社区人居环境整洁、舒适、安全、美丽的目标。

(5) 实施绿色出行创建行动

城市和中小城镇推动交通基础设施绿色化,加强城市公共交通和慢行交通系统建设管理。推广节能和新能源车辆,在城市公交、出租汽车、分时租赁等领域形成规模化应用。推广电子站牌、一卡通、移动支付等,鼓励公众降低私家车使用强度。到2022年,力争60%以上的创建城市绿色出行比例达到70%以上,绿色出行服务满意率不低于80%。

(6) 实施绿色商场创建行动

鼓励绿色消费,强化宣传等方式,积极引导消费者优先采购绿色产品,简化商品包装,减少一次性不可降解塑料制品使用。提升绿色服务水平,加强培训,提升员工节能环保意识,积极参加节能环保公益活动和主题宣传,实行垃圾分类和再生资源回收。到2022年,力争40%以上的大型商场初步达到创建要求。

(7) 绿色建筑创建行动

引导新建建筑和改扩建建筑按照绿色建筑标准设计、建设和运营。推动既有公共建筑开展绿色改造。推广新型绿色建造方式,提高绿色建材应用比例,加强绿色建筑运行管理。到2022年,城镇新建建筑中绿色建筑面积占比达到60%,既有建筑绿色改造取得积极成效。

4.3.2 公共机构绿色低碳转型行动

为推动党政机关厉行勤俭节约,率先全面实施生活垃圾分类制度,引导干部职工养成简约适度、绿色低碳的生活和工作方式,形成崇尚绿色生活的良好氛围,2022年3月国管局、中直管理局、发展改革委、财政部联合下发《关于印发〈节约型机关创建行动方案〉的通知》。组织全国县级及以上党政机关开展节约型机关创建行动,包括完善制度体系,推行绿色办公,实行生活垃圾分类,开展宣传教育。到2022年,力争70%左右的县级及以上党政机关达到创建要求。

为深入推进公共机构节约能源资源绿色低碳发展,充分发挥公共机构示范引领作用,2021年6月国家机关事务管理局会同国家发展和改革委员会颁布了《"十四五"公共机构节约能源资源工作规划》(以下简称《工作规划》)。《工作规划》以绿色低碳发展为目标,立足公共机构实际,推动绿色转型,扎实推进公共机构节约能源资源工作高质量发展,广泛形成绿色低碳生产生活方式,提出实施十项绿色低碳转型行动。

1. 目标

聚焦绿色低碳发展的目标,实现绿色低碳转型行动推进有力,制度标准、目标管理、能力提升体系趋于完善,协同推进、资金保障、监督考核机制运行通畅,开创公共机构节约能源资源绿色低碳发展新局面。

2. 助力"无废城市"建设重点内容

(1) 低碳引领行动

对标碳达峰碳中和目标,编制公共机构碳排放核算指南,组织开展公共机构碳排放量统计。制定公共机构低碳引领行动方案,明确碳达峰目标和实现路径。开展公共机构绿色低碳试点,结合实际深化公共机构参与碳排放权交易试点。积极参与绿色低碳发展国际交流,宣传中国公共机构推进节能降碳的成效经验,与有关国际组织、国家和地区加强合作,吸收借鉴先进适用的绿色低碳技术和管理模式。

(2) 实施生活垃圾分类行动

重点推动地级城市公共机构全面实施生活垃圾分类制度,推进县级城市公共机构开展生活垃圾分类有关工作。加强生活垃圾源头减量,推广减量化措施,鼓励建设废旧物品回收设施,推动废旧电器电子产品、办公家具等废旧物品循环再利用。广泛开展志愿服务行动,引导干部职工养成生活垃圾分类习惯,带头在家庭、社区开展生活垃圾分类。落实国家塑料污染治理有关要求,推动公共机构逐步停止使用不可降解一次性塑料制品。

(3) 实施反食品浪费行动

常态化开展"光盘行动"等反食品浪费活动。进一步加强公务接待、会议、培训等公务活动用餐管理。制止公共机构食堂餐饮浪费,加强食品在采购、储存、加工等环节减损管理,抓好用餐节约。实施公共机构反食品浪费工作成效评估和通报制度,将反食品浪费纳入公共机构节约能源资源考核和节约型机关创建等活动内容。完善餐饮浪费监管机制,加大督查考核力度。推动餐厨垃圾资源化利用,鼓励有条件的公共机构使用餐厨垃圾就地资源化处理设备。

(4) 实施绿色办公行动

加速推动无纸化办公,倡导使用再生纸、再生耗材等循环再生办公用品,限制使用一次性办公用品。充分采用自然采光,实现高效照明光源使用率100%。合理控制室内温度,严格执行"夏季室内空调温度设置不低于 26 摄氏度、冬季室内空调温度设置不高于 20 摄氏度"的标准。探索建立电器电子产品、家具、车辆等资产共享机制,推广公物仓经验,鼓励建立资产调剂平台,提高资产使用效率。

(5) 实施绿色低碳生活方式倡导行动

加大绿色采购力度,带头采购更多节能、低碳、环保、再生等绿色产品,优先采购秸秆环保板材等资源综合利用产品,将能源资源节约管理目标和服务要求嵌入物业、餐饮、能源托管等服务采购需求。持续开展绿色出行行动,积极倡导"135"绿色出行方式;推动有条件的地区积极引入特色公交、共享单车服务,保障公务绿色出行。培养绿色消费理念,带动家庭成员购买绿色产品、制止餐饮浪费、减少使用一次性用品。

（6）绿色化改造行动

积极开展绿色建筑创建行动,新建建筑全面执行绿色建筑标准,大力推动公共机构既有建筑通过节能改造达到绿色建筑标准,星级绿色建筑持续增加。

4.3.3　绿色社区创建行动

为深入贯彻习近平生态文明思想,按照《国家发展改革委关于印发〈绿色生活创建行动总体方案〉的通知》部署要求,2020 年 8 月,住房和城乡建设部等 6 部门联合印发《绿色社区创建行动方案》。该方案以广大城市社区为创建对象,提出了建立健全社区人居环境建设和整治机制、推进社区基础设施绿色化、营造社区宜居环境、提高社区信息化智能化水平和培育社区绿色文化五项内容。

1. 创建目标

绿色社区创建行动以城市社区为创建对象,将绿色发展理念贯穿社区设计、建设、管理和服务等活动的全过程,以简约适度、绿色低碳的方式,推进社区人居环境建设和整治,不断满足人民群众对美好环境与幸福生活的向往。到 2022 年,绿色社区创建行动取得显著成效,力争全国 60% 以上的城市社区参与创建行动并达到创建要求,基本实现社区人居环境整洁、舒适、安全、美丽的目标。

2. 助力"无废城市"建设重点内容

（1）建立健全社区人居环境建设和整治机制

绿色社区创建要与加强基层党组织建设、居民自治机制建设、社区服务体系建设有机结合。坚持美好环境与幸福生活共同缔造理念,共同参与绿色社区创建。开展多种形式基层协商,实现决策共谋、发展共建、建设共管、效果共评、成果共享。推动城市管理进社区。有效参与生活垃圾分类等工作。

（2）推进社区基础设施绿色化

结合城市更新和存量住房改造提升,以城镇老旧小区改造、市政基础设施和公共服务设施维护等工作为抓手,积极改造提升社区道路、生活垃圾分类等基础设施,在改造中采用绿色产品、材料。实施生活垃圾分类,完善分类投放、分类收集、分类运输设施。

(3)营造社区宜居环境

因地制宜开展社区人居环境建设和整治。结合绿色社区创建,探索建设安全健康、设施完善、管理有序的完整居住社区。

(4)培育社区绿色文化

开展绿色生活主题宣传教育,使生态文明理念扎根社区。依托社区内的中小学校和幼儿园,开展"小手拉大手"等生态环保知识普及和社会实践活动,带动社区居民积极参与。贯彻共建共治共享理念,编制发布社区绿色生活行为公约,倡导居民选择绿色生活方式,节约资源、开展绿色消费和绿色出行,形成富有特色的社区绿色文化。

(5)强化技术支撑

在社区人居环境建设和整治中,应积极选用经济适用、绿色环保的技术、工艺、材料、产品。要因地制宜加强绿色环保工艺技术的集成和创新,加大绿色环保材料产品的研发和推广应用力度。

同时制定了《绿色社区创建标准(试行)》(表 4-3),其中包括与"无废城市"绿色低碳生活相关的创建标准。

表 4-3　绿色社区"无废"创建标准(试行)("无废城市"绿色低碳生活相关创建标准)

内　容		创 建 标 准
建立健全社区人居环境建设和整治机制	1	坚持美好环境与幸福生活共同缔造理念,各主体共同参与社区人居环境建设和整治工作
	2	搭建沟通议事平台,利用"互联网+共建共治共享"等线上线下手段,开展多种形式基层协商
	3	设计师、工程师进社区,辅导居民有效谋划人居环境建设和整治方案
推进社区基础设施绿色化	4	社区各类基础设施比较完善
	5	开展了社区生活垃圾分类居民小区全覆盖
	6	在基础设施改造建设中落实经济适用、绿色环保的理念
营造社区宜居环境	7	社区绿地布局合理,有公共活动空间和设施

4.3.4　绿色学校创建行动

为在学校厚植绿色发展理念,加强青少年生态文明教育,着力提升师生生态文明素养,影响和带动全社会参与生态文明建设,为建设美丽中国贡献智慧和力量,2020年4月教育部办公厅与国家发展和改革委员会办公厅联合印发《绿色学校创建行动方案》。创建内容包括开展生态文明教育、实施绿色规划管理、建设绿色环保校园、培育绿色校园文化以及推进绿色创新研究。

1. 目标

各地教育行政部门要深入践行绿色发展理念,建立生态文明教育工作长效机制,积极开展绿色学校创建行动。到2022年,60%以上的学校达到绿色学校创建要求,有条件的地方要争取达到70%。绿色学校创建制度的政策标准体系基本完善,学校绿色生活方式蔚然成风,涌现出一批绿色学校先进典型,广大师生对学校美好学习和生活环境的需求得到满足,获得感和幸福感显著提升。

2. 助力"无废城市"建设重点内容

开展生态文明教育,中小学结合课堂教学、专家讲座、参观实践等活动开展生态文明教育,大学设立生态文明相关专业课程和通识课程,探索编制生态文明教材读本。在教育教学活动中融入生态文明、绿色发展、资源节约、环境保护等相关知识,将教育内容与学生身边的、当地的、日常环境相联系,鼓励学生多角度认知和理解绿色发展。

3. 实行绿色规划管理

在校园建设和改造中,结合当地经济、资源、气候和文化特点着力优化校园内空间布局,建立健全全校园节能、垃圾分类等绿色管理制度。

(1)建立绿色环保校园

积极采用节能、环保、再生、资源综合利用等绿色产品。着重从建筑节能、可回收垃圾利用、材料节约与再生利用等方面,持续提升校园能源与资源利用效率。

(2)培育绿色校园文化

支持和引导师生参与、组织多种形式的校内外绿色生活主题宣传,对节能、节粮、垃圾分类、绿色出行等行为发出倡议,学校要将绿色学校的创建融入校园文化建设,培养青少年学生绿色发展的责任感,养成健康向上的绿色生活方式,带动家庭和社会共同践行绿色发展理念。

同时提出《绿色学校创建通用性指标》(表4-4),其中包括与"无废城市"绿色低碳生活相关的指标。

表 4-4　绿色学校创建通用性指标

类别	指标	指 标 内 容
通用指标	精神文化	开展生态文明教育渗透式教学
		学校学期计划体现创建绿色学校相关内容
		利用校内外线上线下宣传平台传播生态文明知识
		组织师生参与节约能源、环境保护等绿色实践活动
		鼓励师生进行绿色科技发明创造
	物质条件	合理设置绿化用地,增加校园绿化面积
		有序推动新建绿色建筑和对既有建筑的绿色化改造
		使用绿色节能产品,垃圾分类管理,资源循环利用
		因地制宜开展可再生能源利用,明确组织机构
	行为管理	构建绿色学校创建管理体制,明确组织机构
		建立健全节能、垃圾分类等绿色管理制度
		制定绿色学校创建发展目标、保障措施、激励机制
		加强能源资源的计量,定期公示能源资源消耗情况
		运用智能化技术进行校园建筑及设备的绿色运行管理

4.3.5　绿色商场创建行动

为大力推动绿色流通,促进绿色消费,2019 年 12 月,商务部会同国家发展和改革委员会印发《绿色商场创建实施工作方案(2020—2022 年度)》。在全国范围开展绿色商场创建行动,以此广泛宣传简约适度的生活理念,积极倡导绿色低碳的生活方式,营造全社会崇尚、践行绿色新发展理念的良好氛围。

1. 目标

通过创建打造一批提供绿色服务、引导绿色消费、实施节能减排、资源循环利用的绿色商场,深挖流通业发展潜力,促进绿色消费,践行低碳环保,推动绿色发展。到 2022 年年底,力争全国 40% 以上大型商场初步达到创建要求,绿色商场创建取得突出成效,绿色消费观念深入人心,绿色消费方式得到普遍实践。

2. 助力"无废城市"建设重点内容

(1) 建立绿色管理制度

制定各类设备设施分类管理制度;完善能源和环境管理体系,强化能耗水耗管理;配备能源计量器具,定期进行检修维护和能源统计分析。

(2) 推广应用节能设施设备

完善各类公共服务基础设施;淘汰落后高耗能设备,选用先进高效节能节水设备；充分利用自然采光和通风。

（3）完善绿色供应链体系

依据《企业绿色采购指南（试行）》实施绿色采购，完善绿色供应链体系建设，提高绿色节能商品销售比例。

（4）开展绿色服务和宣传

树立绿色服务理念，建立绿色服务制度；对员工开展节能、垃圾分类培训；组织环保公益活动；在办公区域设置垃圾分类提示和宣传标识。

（5）倡导绿色消费理念

开展形式多样的主题宣传，引导消费者树立绿色低碳、节能环保的观念；引导消费者优先采购绿色产品，减少使用一次性不可降解塑料制品。

（6）开展绿色回收

推广垃圾分类，提升再生资源绿色回收水平，强化环境保护理念，鼓励设置智能回收设备。

2020年商务部颁布《绿色商场》（GB/T 38849—2020），明确绿色商场是指运用安全、健康、环保理念，坚持绿色管理，倡导绿色消费，保护生态和合理使用资源，节能降耗的商场。2021年商务部颁布《绿色商场创建评价指标（试行）》，进一步指导各地加强绿色商场创建工作，其中与绿色低碳生活相关的指标见表4-5。

表4-5 绿色商场创建评价指标（试行）（绿色低碳生活指标）

一级指标	二级指标	分值	评分标准	得分
一、基本要求	（一）合法合规	—	应遵守商场建设和运营过程中涉及的安全、环保、卫生、节能、防疫、规划等法律法规及诚信建设相关要求	
	（二）组织机构	—	应有绿色商场创建、运营、管理的组织机构和责任分工，制定系统的培训工作计划并组织实施	
	（三）制度文件	25	制度文件应包含节能减排、环保、健康、安全生产、持续改进、环境绩效等内容，且健全适用（25分）	
	（四）建筑及结构维护	5	装修时宜采用灵活隔断，减少重新装修时的材料浪费和建筑垃圾（5分）	
二、设施设备要求与管理	（五）资金保障	10	应有计划地安排设备、环境维护保养资金或节能技改专项资金（包括节能宣传费用）（10分）	

续表

一级 指标	二级 指标	分值	评 分 标 准	得分
三、绿色供应 链建设	(六)综合管理	25	根据 GB/T 19001、GB/T 23331、GB/T 24001 和 GB/T 28001 的要求,宜建立企业质量、能源、环境和职业健康安全管理体系,并保持良好运行(25分)	
	(七)绿色采购 与招商	25	采购产品和选择供应商应符合商务部等部门发布的《企业绿色采购指南(试行)》有关要求(10分)	
	(八)绿色运营 与管理	20	应通过合同约定、项目培训等措施,引导供应商采用绿色设计技术,促进产品或零部件回收利用,减少环境污染和能源消耗(5分)	
			应对营业场所内涉及的商户、商品、服务和环境品质进行必要管控(5分)	
			应采取措施保障在物流仓储过程中的商品质量(10分)	
			宜建立智能化的绿色物流仓储系统(5分)	
四、实施绿色 服务	(九)服务行为 和能力	10	不应销售明显破坏生态环境的商品	
			工作人员应具有与其岗位要求相适应的专业素质和服务能力(5分)	
			应根据客户群体结构,不定期组织节能减排、绿色消费的主题宣传活动(5分)	
五、引导绿色 消费	(十)绿色消费 信息统计和 减塑	10	应按相关要求对商场经营场所内的绿色产品和服务销售情况进行统计报送	
			应严格落实国家有关禁塑限塑规定,采取有效措施减少不可降解塑料袋、塑料吸管/餐具等一次性塑料制品的消费量(5分)	
			应提供可降解或可循环的各类环保购物袋(5分)	
	(十一)绿色消 费宣传与引导	30	应运用多种方式开展绿色消费宣传,传播绿色消费、环保、节能的理念,引导科学、适度、可持续的消费行为(10分)	
			应在节能产品、低碳产品、环境标志产品、绿色食品、有机食品和无公害食品等产品销售区设置醒目标签标识,引导消费者购买(10分)	
			应在餐饮区、收银区、生鲜区等区域设置合理提醒标识,引导绿色消费行为(10分)	

续表

一级 指标	二级 指标	分 值	评分标准	得分
六、资源循环 利用与环 保公益	（十二）垃圾 分类	40	应根据商场面积、客流量等因素合理设置垃圾分类回收装置，并定期清扫收集（10分）	
			应分类收集建筑装修、可回收物、餐厨、有害和其他废弃物（20分）	
			应设有再生资源回收装置或回收点，并规范运营（10分）	
	（十三）再生资 源回收	10	应开展以旧换新、积分兑换等提高再生资源回收利用的活动（10分）	
	（十四）环保 公益	5	应组织参与植树造林、市政社区公共环境卫生清洁等公益活动（5分）	

目前，"绿色商场"的示范作用正在不断增强，大力宣传推广绿色生活理念和生活方式，营造良好的社会氛围，逐渐成为进一步促进零售行业绿色转型发展的工作平台。

4.3.6 快递业绿色包装绿色转型

为推动建立健全中国特色快递业包装治理体系，引导企业承担社会责任，提高消费者环保意识，实现绿色发展，服务美丽中国建设，2020年12月，国务院办公厅转发国家发展和改革委员会、国家邮政局、工业和信息化部、司法部、生态环境部、住房和城乡建设部、商务部、国家市场监督管理总局《关于加快推进快递包装绿色转型的意见》（以下简称《意见》）。《意见》提出，要落实新发展理念，强化快递包装绿色治理，加强电商和快递规范管理，增加绿色产品供给，培育循环包装新型模式，加快建立与绿色理念相适应的法律、标准和政策体系，推进快递包装"绿色革命"。

1. 主要目标

到2022年，快递包装领域法律法规体系进一步健全，基本形成快递包装治理的激励约束机制；制定实施快递包装材料无害化强制性国家标准，全面建立统一规范、约束有力的快递绿色包装标准体系；电商和快递规范管理普遍推行，电商快件不再二次包装比例达到85%，可循环快递包装应用规模达700万个，快递包装标准化、绿色化、循环化水平明显提升。

到2025年，快递包装领域全面建立与绿色理念相适应的法律、标准和政策体系,形成贯穿快递包装生产、使用、回收、处置全链条的治理长效机制;电商快件基本实现不再二次包装,可循环快递包装应用规模达 1000 万个,包装减量和绿色循环的新模式、新业态发展取得重大进展,快递包装基本实现绿色转型。

2. 助力"无废城市"建设重点内容

（1）健全快递包装法律法规体系

推动电子商务、邮政快递等行业管理法律法规与固体废物污染环境防治法有效衔接,加快形成有利于完善快递包装治理的法律法规体系。加强标准化工作顶层设计,制定覆盖产品、评价、管理和安全各类别以及设计、生产、销售、使用、回收和循环利用各环节的标准体系框架图,统一快递绿色包装、循环包装的核心关键指标要求,升级完善快递包装标准。制定快递包装材料无害化相关强制性国家标准,提高标准约束力。

（2）推进快递包装材料源头减量

加强快递领域塑料污染治理,推动重点地区逐步停止使用不可降解的塑料包装袋、一次性塑料编织袋,减少使用不可降解塑料胶带。推动全国快递业务实现电子运单全覆盖,大幅提升循环中转袋（箱）、标准化托盘等的应用比例。推广使用低克重高强度快递包装纸箱、免胶纸箱。鼓励通过包装结构优化减少填充物使用。

（3）提升快递包装产品规范化水平

统一规定快递封套、纸箱、包装袋等的规格尺寸、物理和安全环保性能,推动快递包装产品实现标准化、系列化和模组化,提高与寄递物的匹配度,防止大箱小用,减少随意包装。全面禁止电商和快递企业使用重金属含量、溶剂残留等超标的劣质包装袋,禁止使用有毒有害材料制成的填充物。

（4）减少电商快件二次包装

加强电商和快递企业与商品生产企业的上下游协同,设计并应用满足快递物流配送需求的电商商品包装。选择一批商品品类,推广电商快件原装直发,推进产品与快递包装一体化,减少电商商品在寄递环节的二次包装。

（5）严格快递操作规范

完善快递行业末端网点分拣、投递工作流程和封装操作规范。推动快递企业完善内部规章制度,建立快递包装治理工作体系和管理台账,将快递包装有关规范纳入从业人员上岗培训,提升快递员业务技能。支持快递企业推行智能化、集约化作业方式。

（6）完善快递收寄管理

推动快递企业将包装减量化、绿色化等要求纳入收件服务协议,加强对电商等协议用户的引导。推动快递企业进一步规范散收件交付管理,引导用户使用合格包装产品。鼓励电商和快递企业在网络零售和快件收寄中为消费者提供绿色包装产品,并通过积分激励等方式引导消费者使用。

(7) 推行绿色供应链管理

推动相关企业建立快递包装产品合格供应商制度,鼓励包装生产、电商、快递等企业形成产业联盟,扩大合格供应商包装产品采购和使用比例。快递企业总部要加强对分支机构、加盟企业的管理,建立针对分支机构、加盟企业采购和使用包装产品的引导和约束机制。

(8) 推广可循环包装产品

在电商和快递业务中,结合相关应用场景和商品种类,遴选推广一批快递包装减量和循环利用的新技术、新产品。鼓励在同城生鲜配送、连锁商超散货物流中推广应用可循环可折叠快递包装、可循环配送箱、可复用冷藏式快递箱,减少一次性塑料泡沫箱等的使用。

(9) 培育可循环快递包装新模式

鼓励电商平台选择部分商品种类设立可循环包装商品专区;支持快递企业和第三方机构扩大可循环快递包装的使用范围。鼓励电商和快递企业与商业机构、便利店、物业服务企业等合作设立可循环快递包装协议回收点,投放可循环快递包装回收设施。推行可循环快递包装统一编码和规格标准化,建立健全上下游衔接、平台间互认运管体系,有效降低运营成本。

(10) 加强可循环快递包装基础设施建设

各城市人民政府要结合智慧城市、智慧社区建设,在社区、高校、商务中心等场所,规划建设一批快递共配终端和可循环快递包装回收设施;在城市更新和存量住房改造提升、城镇老旧小区改造时,支持快递共配终端和可循环快递包装回收设施建设。

(11) 加强快递包装回收

鼓励在校园、社区等场所的快递网点开展快递包装纸箱集中回收,适度提升复用比例。推进快递包装材料和产品绿色设计,鼓励同类别产品包装使用单一材质材料,减少使用难以分类回收的材料和包装设计,提升快递包装可回收性能。鼓励发展"互联网+回收"新业态,推进快递包装废弃物中可回收物的规范化、洁净化回收。

(12) 规范快递包装废弃物分类投放和清运处置

推动已实施生活垃圾分类的城市在住宅小区、商业和办公场所合理设置分类收集设施,规范居民分类投放行为,保障快递包装废弃物及时得到清运。推进快递包装废弃物分类处置,提高资源化、能源化利用比例,加强垃圾焚烧发电企业运行管理,确保污染物稳定达标排放。降低快递包装废弃物的填埋比例。

4.3.7　绿色旅游景区管理与服务规范

为在旅游景区引入绿色管理理念,为旅游景区实施生态化管理提供依据和技术规范,保护旅游景区的生态环境和旅游资源,提升旅游产业发展内在素质,2011 年 2 月国家旅游局发布《绿色旅游景区管理与服务规范》。

1. 绿色旅游景区定义

绿色旅游景区是以可持续发展和循环经济为经营和管理理念,以生态化设计为基础,实施清洁生产,倡导生态化服务和消费,有效保护旅游资源和旅游环境的旅游景区。绿色景区注重以循环经济为理念,将绿色设计、清洁生产、节能管理、环境管理、绿色消费等概念引入景区经营和管理中,在为游客提供高质量的旅游产品和服务的同时,最大限度地降低对资源和环境的消耗,减少各类废弃物的产生,实现景区资源的高效和循环利用。

2. 助力"无废城市"建设重点内容

（1）景区垃圾处理

合理设置垃圾收集设施,并对景区垃圾进行分类收集与处理。重视可回收固体废物的回收利用、简化各类旅游商品的包装,减少垃圾生产量,将景区废弃物减少到最低程度。固体废物处理符合国家有关法律法规的规定。垃圾箱布局合理,分类设置,标识明显,数量满足需要,造型美观,与环境协调。垃圾清扫及时,日产日清。

（2）绿色服务

游客服务中心应向游客宣传景区生态环境特征的解说系统;旅游全景图及游客宣传手册中应有介绍景区生态特征及环境保护要求的相关提示;各种引导标识布局合理,外观设计应同周围环境相协调,采用生态材料;公共信息图形符号应采用生态材料;向游客提供绿色旅游宣传材料,开展绿色消费、绿色旅游教育。

景区内的旅游饭店都应建成绿色旅游饭店,景区内的其他住宿设施,包括小型别墅、农家住宿等应建设成为绿色客房。应减少和控制客房内各类消耗性物品的使用量,做到减量使用、多次使用和替代使用。

餐饮服务要节约食品原料和成品,杜绝浪费行为;结合客人消费标准,有针对性地安排餐饮品种和数量,制定符合游客口味和营养需求的菜点,防止原料和成品浪费。不使用对环境造成污染的不可降解的一次性餐具。

购物与娱乐服务中,旅游商品原料应采用可再生原料,且多来自本地区及本旅游区。实行旅游商品简易包装原则,减少一次性的纸制品或塑料制品的使用。

（3）卫生环境管理

景区环境整洁,垃圾箱布局合理,分类设置,标识明显,数量满足需要,造型美观,与环境协调。垃圾清扫及时,日产日清。

（4）社区发展

积极对景区内和周边居民进行生态环境保护知识的宣传、培训,有意识地提高当地居民的生态环境保护意识,提升当地居民对景区生态环境和旅游资源的自觉保护意识。

4.3.8 绿色饭店国家标准

绿色饭店在推动住宿业节约资源、节能降耗、保护环境、引导行业转变增长方式、培育社会节约消费风尚等方面发挥重要作用。

2019年6月中国饭店协会颁布《中国绿色饭店新国标评分细则》(以下简称《新细则》)。《新细则》提出,绿色饭店是指在规划、建设和经营过程中,坚持以节约资源、保护环境、安全健康为理念,以科学的设计和有效的管理、技术措施为手段,以资源效率最大化、环境影响最小化为目标,为消费者提供安全、健康服务的饭店。遵守建设和运营中涉及的节能、环保、卫生、防疫、安全、规划等法律、法规和标准的要求。

1. 要求

（1）制定环境方针,明确绿色行动目标和可量化指标,并有完善的经营管理制度保障执行。

（2）有相应的组织机构,有绿色行动的考核及奖励制度,有高层管理者具体负责创建活动。

（3）每年有为员工提供绿色饭店相关知识的教育和培训,包括节能节水、环境保护技术及管理,消防教育,职业安全教育和食品安全教育。

（4）提供绿色行动的预算资金及人力资源的支持。

（5）有倡导节约资源、保护环境和绿色消费的宣传行动以营造绿色消费环境的氛围,对消费者的节约、环保消费行为能够提供多项鼓励措施。

（6）近三年内无安全事故和环境污染超标事故。

2. 助力"无废城市"建设重点内容

（1）绿色设计

将节约资源、保护环境的因素纳入饭店设计环节之中,帮助确定设计的决策方向,减少资源消耗和对环境的影响;采用环保、安全、健康的建筑材料和装修,有能源、资源循环利用设计。服务、产品形成过程中采用清洁生产的设计。

（2）降耗管理

减少一次性用品的使用。简化客房用品的包装。节约用纸,提倡无纸化办公。采取鼓励废旧物品再利用的措施。

（3）环境保护

选择使用有环境标志的产品,采取措施减少固体废物的排放量,固体废物实施分类收集,储运不对周围环境产生危害;危险性废弃物及特定的回收物料交有资质机构处理、处置。采用有机肥料和天然杀虫方法,减少化学药剂的使用。

（4）健康管理

客房装修要环保。餐饮采用有机、绿色、无公害食品原料,提供营养平衡的食谱。倡导分餐制,菜单中明示提供大、中、小例服务,有引导绿色消费、节约消费的提示及服务措施。餐厨垃圾应低温密封保存,并倡导进行无害化处理。

（5）绿色宣传

开展宣传绿色饭店、促进绿色消费的多种形式的社会活动。鼓励客人开展绿色消费的具体计划并实施,对创建绿色饭店活动进行媒体的相关报道。创建绿色饭店活动得到客人的支持和赞同,客人对饭店环境的满意程度达到80%以上,饭店通过采购、投资等方式促进节能、环保技术的推广和应用,推进绿色消费。

根据饭店在节约资源、保护环境和提供安全、健康的产品和服务等方面取得的不同程度的效果,绿色饭店分为五个等级。用银杏叶标识,从一叶到五叶,五叶为最高级。

4.3.9　推动绿色餐饮发展

为推进绿色发展,倡导简约适度、绿色低碳的生活方式,满足人民日益增长的美好生活需要,提供"节约、环保、放心、健康"的餐饮服务,2018年5月21日,商务部等9部门联合印发《关于推动绿色餐饮发展的若干意见》,提出推进餐饮节约常态化、健全绿色餐饮标准体系等八项工作要求任务。

1. 主要目标

到2022年,初步建立绿色餐饮仓储、加工、管理、服务以及自助餐、宴席等重点领域的标准体系,严格绿色餐饮准入,推动形成绿色餐饮发展的常态化、制度化机制,将绿色理念融入生产消费的全过程,培育5000家绿色餐厅,每万元营业收入(纳税额)减少20%以上的餐厨废弃物和能耗。

2. 助力"无废城市"建设重点内容

(1) 推进餐饮节约常态化

坚持餐饮厉行勤俭节约的有效做法,积极探索餐饮节约的新举措。鼓励餐饮企业在饭店醒目位置张贴节约标识,供应小份菜,开展节约奖励活动,提示适量点餐,提供分餐服务,提醒餐后打包。支持餐饮企业积极探索在菜单上增加分量、热量、建议消费人数等信息,根据节约消费需要完善装修设计。推动自助餐企业建立备餐评估、供餐巡视等制度。

(2) 健全绿色餐饮标准体系

加快形成国家标准、行业标准、地方标准与企业标准相互配套、相互补充的绿色餐饮标准体系。制定绿色餐饮服务和管理标准,以及制定完善绿色餐饮相关环保标准,明确餐厨垃圾收集、废弃油脂处置、油烟排放等要求;制定绿色餐饮评价标准,明确评价指标和考核、验收等要求。

(3) 促进绿色餐饮产业化发展

支持餐饮企业建立"生产+配送+门店"绿色餐饮供应链,鼓励餐饮企业建设"中央厨房+冷链配送+餐饮门店"绿色餐饮生产链,引导餐饮企业减少使用一次性用品,推广可循环利用餐饮具,打造绿色餐饮服务链。

(4) 培育绿色餐饮主体

宣传推广绿色餐饮标准,支持各地商务等相关部门健全绿色餐饮工作机制,开展绿色餐饮标准培训,举办绿色餐饮宣传活动。推动餐饮企业、机关和高校食堂落实绿色餐饮各项标准,培育一批绿色餐厅、绿色餐饮企业(单位)、绿色餐饮街区,在全社会营造"绿色生活、绿色发展"的良好氛围。

(5) 倡导绿色发展理念

鼓励餐饮企业将绿色发展理念融入服务人员行为规范,加强职业道德教育,使绿色发展理念变成服务人员自觉行动。引导顾客文明用餐,养成节俭消费的良好习惯,推动绿色餐饮理念进机关、进乡村、进社区、进学校、进企业。

同时颁布了《绿色餐饮主体建设指南》,要求餐饮主体在规划、建设和运营过程中,以安全健康、低碳环保、诚实守信为理念,以科学的设计、高效的管理和贴心的服务为基础,以资源效率最大化、环境影响最小化为目标,为用餐者提供规范、便利、优质的服务。引导用餐者形成节约适度、文明健康的生活方式,做到设计合理、管理科学、服务到位、低碳文明。助力"无废城市"建设重点内容如下。

（1）采购要求

餐饮企业（单位）应建立稳定的原辅料采购渠道，按照食品安全管理法规的要求确保原辅料的质量符合国家食品安全标准，确保用餐者放心消费。

（2）餐厅要求

餐厅应充分考虑节约资源、保护环境、卫生安全的要求，设置垃圾分类回收设施，采用清洁、高效的工艺技术和设备。餐厅的厨房灶具等设备能耗效率应符合国家节能标准的要求。

（3）运行操作要求

① 餐厅应定期清洗和维护设施设备，严格执行餐饮服务食品安全操作规范和餐饮器具卫生规范。应根据销售情况对原辅料的需求量进行科学测算，及时处理临近保质期的原辅料，实现精准采购、集中管控、合理配餐，有效提升原辅料利用率。

② 餐厅应依法处置废弃油脂、规范收集餐厨垃圾，减少食材加工过程中污染物的产生和排放，每万元营业收入（纳税额）的餐厨垃圾消纳处理量逐年下降5%以上。

（4）服务要求

① 通过在餐厅醒目位置张贴节约标识和条幅、设置公益告示牌、LED屏幕播放公益广告、举办绿色消费活动等方式，引导顾客文明用餐、节俭消费，对节约用餐者给予一定奖励。

② 餐厅应根据消费者数量和餐品分量主动提醒用餐者适量点餐、对餐品种类提出合理建议，按照用餐者要求提供大、中、小分量的餐品，提供分餐服务和打包餐盒，适时提醒用餐者打包。

③ 餐厅应制作规范菜单，明确每种菜品和服务价格，标明菜品主要食材分量，不设最低消费，无虚假宣传。

④ 餐厅应根据消费人群的特点，合理安排2～3人、4～6人、7～10人等各类餐台的数量和比例，并在此基础上科学设计大、中、小份菜肴的分量，充分照顾用餐者的个性化需求，尽可能减少浪费。

⑤ 餐饮企业（单位）应积极参与绿色餐饮宣传活动，用餐者对餐厅环境、诚信水平、服务满意度的优秀评价率应达到80%以上。

⑥ 餐饮企业（单位）应将厉行节约作为职工培训的重要内容，加强餐饮服务人员的职业道德培训，并纳入员工考核范畴，提升服务人员的职业道德水平。

（5）网络订餐要求

餐饮企业（单位）应在订餐过程中主动向消费者提示"尽量少选用一次性餐盒、筷子等餐具"，并制定配套奖励措施，倡导绿色消费理念。

（6）绿色连锁餐饮企业的要求

连锁餐饮企业的所有门店原则上应符合上述采购、加工、服务等要求,本年度内未发生较大以上安全生产事故,未因食品安全事故接受政府主管部门的处罚。

（7）绿色餐饮街区的要求

绿色餐饮街区应符合国家相关法律法规要求,街区内所有餐饮企业（单位）应符合上述采购、加工、服务等要求。

4.3.10 绿色家庭创建行动

为推动家庭从生活点滴做起,从提升居住小区环境质量做起,为建设美丽中国贡献力量,2020年1月,全国妇联、国家发展和改革委员会、生态环境部、教育部、财政部、住房和城乡建设部、国家市场监督管理总局共同印发《绿色家庭创建行动方案》,引导广大家庭践行简约适度、绿色低碳的生活方式,制定《城镇绿色家庭创建标准》和《农村绿色家庭创建标准》,编制《绿色家庭指导手册》,从卫生管理、节约能源资源、节约粮食、垃圾分类、绿色出行等生活点滴出发,对创建绿色家庭给予具体指导。

1. 创建目标

实施绿色家庭创建行动,面向全国城乡家庭开展丰富多彩的宣传展示和主题实践活动,倡导绿色价值理念,普及节能环保知识。到2022年,力争60%以上的家庭初步达到创建要求,生态文明理念进一步深入人心,家庭中简约适度、绿色低碳的生活方式初步形成,涌现出一批绿色家庭优秀典型,全社会形成崇尚绿色生活的文明新风尚。

2. 助力"无废城市"建设重点内容

（1）引导家庭成员提升生态文明素养

动员广大家庭成员学习习近平生态文明思想,了解生态文明相关法律法规,掌握家庭绿色环保知识和方法,提升生态文明意识和环境科学素养,争做绿色生活的倡导者、参与者和践行者。

（2）引导家庭节约资源

鼓励家庭在日常生活中减少污染,从节约一度电、一张纸,不浪费粮食等日常生活小事做起,提升旧衣物、旧玩具等物品的重复使用率,节约资源,减少生活垃圾产生量。鼓励家庭共做绿色环保微公益。

（3）引导家庭绿色消费

鼓励家庭优先购买和使用通过认证的节能电器等。家居装修环保简约,不用或少用塑料袋、塑料餐具等一次性用品,减量包装,减少清洁洗涤用品使用量,避免或减少对环境的污染。

（4）引导家庭绿色出行

鼓励家庭成员在出行时优先选择步行、骑行、公共交通、共享交通等绿色出行方式,购车时优先考虑新能源汽车或小排量型汽车,做到节约能源、提高效能、减少污染,共同打造绿色出行环境。

为有效引导家庭践行绿色生活方式,对创建绿色家庭给予具体指导,制定了《城镇绿色家庭创建标准》,其中"无废"绿色低碳生活相关指标见表4-6。

表 4-6　《城镇绿色家庭创建标准》("无废"绿色低碳生活相关指标)

指　标	内　容
生态文明素养	家庭成员注重通过报纸、电视、网络等多种渠道,学习生态文明和节能环保知识,了解生态环保热点,关心生态环境状况; 家庭成员有较强的环保意识,发现违反环境保护相关法律法规或破坏环境的情况,主动制止或向有关部门举报; 家庭成员热心公益,每年至少参加一次节能环保公益活动; 家庭成员自觉树立节约光荣、浪费可耻的家庭风尚
节约资源	节约粮食,家庭成员相互提醒监督,无论是在家里还是外出就餐,没有浪费粮食的现象; 家庭成员了解生活垃圾分类的基本常识,能够做到正确分类投放,减少生活垃圾产生量
践行绿色消费	购买可循环利用的产品,善于旧物改造和利用; 购买绿色产品认证的家电产品; 购物不使用一次性不可降解塑料袋,使用可重复利用的环保购物袋
倡导绿色出行	优先选择步行、骑行、公共交通、共享交通等绿色出行方式

4.3.11　促进绿色消费实施方案

绿色消费是各类消费主体在消费活动全过程贯彻绿色低碳理念的消费行为。促进绿色消费是消费领域的一场深刻变革,必须在消费各领域全周期、全链条、全体系深度融入绿色理念,全面促进消费绿色低碳转型升级,这对贯彻新发展理念、构建新发展格局、推动高质量发展、实现碳达峰碳中和目标具有重要作用,意义十分重大。

2022年1月,为深入贯彻落实《中共中央 国务院关于完整准确全面贯彻新发展理念做好碳达峰碳中和工作的意见》和《2030年前碳达峰行动方案》有关要求,国家发展和改革委员会、工业和信息化部、住房和城乡建设部、商务部、市场监管总局、国管局、中直管理局联合印发《促进绿色消费实施方案》(以下简称《方案》)。

1. 主要目标

到2025年,绿色消费理念深入人心,奢侈浪费得到有效遏制,绿色低碳产品市场占有率大幅提升,重点领域消费绿色转型取得明显成效,绿色消费方式得到普遍推行,绿色低碳循环发展的消费体系初步形成。到2030年,绿色消费方式成为公众自觉选择,绿色低碳产品成为市场主流,重点领域消费绿色低碳发展模式基本形成,绿色消费制度政策体系和体制机制基本健全。《方案》包括全面促进重点领域消费绿色转型、强化绿色消费科技和服务支撑、建立健全绿色消费制度保障体系、完善绿色消费激励约束政策四大方面、22项重点任务和政策措施。

2. 助力"无废城市"建设重点内容

(1) 加快提升食品消费绿色化水平

完善粮食、蔬菜、水果等农产品生产、储存、运输、加工标准,加强节约减损管理,提升加工转化率。大力推广绿色有机食品、农产品。引导消费者树立文明健康的食品消费观念,合理、适度采购、储存、制作食品和点餐、用餐。建立健全餐饮行业相关标准和服务规范,鼓励"种植基地+中央厨房"等新模式发展,督促餐饮企业、餐饮外卖平台落实好反食品浪费的法律法规和要求,推动餐饮持续向绿色、健康、安全和规模化、标准化、规范化发展。加强对食品生产经营者反食品浪费情况的监督。推动各类机关、企事业单位、学校等制定实施防止食品浪费措施。加强接待、会议、培训等活动的用餐管理,杜绝用餐浪费。深入开展"光盘"等粮食节约行动。推进厨余垃圾回收处置和资源化利用。把节粮减损、文明餐桌等要求融入市民公约、村规民约、行业规范等。

(2) 鼓励推行绿色衣着消费

推广应用绿色纤维制备、废旧纤维循环利用等装备和技术,提高循环再利用化学纤维等绿色纤维使用比例,提供更多符合绿色低碳要求的服装。推动各类机关、企事业单位、学校等更多采购具有绿色低碳相关认证标识的制服、校服。倡导消费者理性消费,按照实际需要合理、适度购买衣物。规范旧衣公益捐赠,鼓励企业和居民通过慈善组织向有需要的困难群众依法捐赠合适的旧衣物。鼓励单位、小区、服装店等合理布局旧衣回收点,强化再利用。支持开展废旧纺织品服装综合利用示范基地建设。

（3）积极推广绿色居住消费

加快发展绿色建造。推动绿色建筑、低碳建筑规模化发展,将节能环保要求纳入老旧小区改造。全面推广绿色低碳建材,推动建筑材料循环利用,鼓励有条件的地区开展绿色低碳建材下乡活动,大力发展绿色家装,加快生物质能、太阳能等可再生能源在农村生活中的应用。

（4）全面促进绿色用品消费

加强绿色低碳产品质量和品牌建设。推动电商平台和商场、超市等流通企业设立绿色低碳产品销售专区,在大型促销活动中设置绿色低碳产品专场,积极推广绿色低碳产品。大力发展高质量、高技术、高附加值的绿色低碳产品贸易。推进过度包装治理,推动生产经营者遵守限制商品过度包装的强制性标准,实施减色印刷,逐步实现商品包装绿色化、减量化和循环化。建立健全一次性塑料制品使用、回收情况报告制度,督促指导商品零售场所开办单位、电子商务平台企业、快递企业和外卖企业等落实主体责任。

（5）有序引导文化和旅游领域绿色消费

制定大型活动绿色低碳展演指南,引导优先使用绿色环保型展台、展具和展装,加强绿色照明等节能技术在灯光舞美领域应用,大幅降低活动现场声光电和物品的污染、消耗。将绿色设计、节能管理、绿色服务等理念融入景区运营,降低对资源和环境的消耗,实现景区资源高效、循环利用。制定发布绿色旅游消费公约或指南,加强公益宣传,规范引导景区、旅行社、游客等践行绿色旅游消费。

（6）大力推进公共机构消费绿色转型

推动国家机关、事业单位、团体组织类公共机构率先积极推行绿色办公,提高办公设备和资产使用效率,鼓励无纸化办公和双面打印,鼓励使用再生制品。严格执行党政机关厉行节约反对浪费条例,确保各类公务活动规范开支,提高视频会议占比,严格公务用车管理。鼓励和推动文明、节俭举办活动。

（7）加快发展绿色物流配送

积极推广绿色快递包装,引导电商企业、快递企业优先选购使用获得绿色认证的快递包装产品,促进快递包装绿色转型。鼓励企业使用商品和物流一体化包装,更多采用原箱发货,大幅减少物流环节二次包装。推广应用低克重、高强度快递包装纸箱、免胶纸箱、可循环配送箱等快递包装新产品,鼓励通过包装结构优化减少填充物使用。创新绿色低碳、集约高效的配送模式,大力发展集中配送、共同配送、夜间配送。

（8）拓宽闲置资源共享利用和二手交易渠道

有序发展出行、住宿、货运等领域共享经济,鼓励闲置物品共享交换。积极发展二手车经销业务,推动落实全面取消二手车限迁政策,进一步扩大二手车流通。积极发展家电、消费电子产品和服装等二手交易,优化交易环境。允许有条件的地区在社区周边空闲土地或划定的特定空间有序发展旧货市场,鼓励社区定期组织二手商品交易活动,促进辖区内居民家庭闲置物品交易和流通。规范开展二手商品在线交易。

（9）构建废旧物资循环利用体系

将废旧物资回收设施、报废机动车回收拆解经营场地等纳入相关规划,保障合理用地需求,统筹推进废旧物资回收网点与生活垃圾分类网点"两网融合",合理布局、规范建设回收网络体系。放宽废旧物资回收车辆进城、进小区限制并规范管理,保障合理路权。积极推行"互联网＋回收"模式。加强废旧家电、消费电子等耐用消费品回收处理,鼓励家电生产企业开展回收目标责任制行动。

第5章

汇聚"无废城市"建设社会力量

5.1 公众是建设"无废城市"的强大社会力量

习近平总书记提出"人民城市人民建"。公众是废物的产生者,具有承担废物管理的共同责任,转变其消费和行为模式非常重要。在"无废城市"建设中,除了采用法律和行政手段、新技术等,公众支持参与也是"无废"目标实现的核心力量,应通过宣传教育、培训、信息公开和监督,促进公众积极参与"无废"目标实现的行动。

5.1.1 什么是生态环境保护公众参与?

《中华人民共和国环境保护法》明确规定,"一切单位和个人都有保护环境的义务""公民应当增强环保意识,采取低碳、节俭的生活方式,自觉履行环境保护的义务"。

生态环境保护公众参与是指公民、法人和其他组织自觉自愿参与环境立法、执法、司法、守法等事务以及与环境相关的开发、利用、保护和改善等活动。公众参与生态环境保护是维护和实现公民环境权益、加强生态文明建设的重要途径。积极推动公众参与环境保护,完善公众参与制度,及时准确披露各类环境信息,扩大公开范围,保障公众知情权,维护公众环境权益,对创新环境治理机制、提升环境管理能力、建设生态文明具有重要意义。

5.1.2 如何推动公众参与生态环境保护?

为贯彻落实党和国家对环境保护公众参与的具体要求,满足公众对良好生态环境的期待和参与环境保护事务的热情,2015 年 7 月,环境保护部印发了《环境保护公众参与办法》(以下简称《办法》)。《办法》提出要切实保障公民、法人和其他组织获取环境信息、参与和监督环境保护的权利,畅通参与渠道,规范引导公众依法、有序、理性参与,促进环境保护公众参与更加健康地发展。要加强宣传教育工作,动员公众积极参与环境事务,鼓励公众自觉践行绿色生活,树立尊重自然、顺应自然、保护自然的生态文明理念,形成共同保护环境的社会风尚。

为进一步推进公众参与环境保护工作的健康发展,原环境保护部颁布了《关于推进环境保护公众参与的指导意见》,提出五项工作任务。

(1)加强宣传动员

广泛动员公众参与环境保护事务,推动电视、广播、报纸、网络和手机等媒体积极履行环境保护公益宣传社会责任,使公众依法、理性、有序地参与环保事务。

(2)推进环境信息公开

完善环境信息发布机制,细化公开条目,明确公开内容。通过政府和环境保护行政主管部门门户网站、政务微博、报刊、手机报等权威信息发布平台和新闻发布会、媒体通气会等便于公众知晓的方式,及时、准确、全面地公开环境管理信息和环境质量信息,积极推动企业环境信息公开。

(3)畅通公众表达及诉求渠道

建设政府、企业、公众三方对话机制,支持环保社会组织合法、理性、规范地开展环境矛盾和纠纷的调查与调研活动,对其在解决环境矛盾和纠纷过程中所涉及的信息沟通、对话协调、实施协议等行为,提供必要的帮助。

(4)完善法律法规

建立健全环境公益诉讼机制,明确公众参与的范围、内容、方式、渠道和程序,规范和指导公众有序参与环境保护。制定和采取有效措施保护举报人,避免举报人遭受打击报复。

(5)加大对环保社会组织的扶持力度

在通过项目资助、政府向社会组织购买服务等形式促进环保社会组织参与环境保护的同时,对环保社会组织及其成员进行专业培训,提升其公益服务意识、服务能力和服务水平。积极支持环保社会组织开展环境保护宣传教育、咨询服务、环境违法监督和法律援助等活动,鼓励他们为完善环保法律法规和政策制定积极建言献策。

5.1.3　《公民生态环境行为规范十条》

为引领公民践行生态环境保护义务和责任,做生态文明理念的积极传播者和规范践行者,携手共建人与自然和谐共生的现代化,生态环境部、中央精神文明建设办公室、教育部、共青团中央、全国妇联五部门联合发布新修订的《公民生态环境行为规范十条》,包括关爱生态环境、节约能源资源、践行绿色消费、选择低碳出行、分类投放垃圾、减少污染产生、呵护自然生态、参加环保实践、参与环境监督、共建美丽中国十条内容。

第一条　关爱生态环境。及时了解生态环境政策法规和信息,学习掌握环境污染治理、生物多样性保护、应对气候变化等方面科学知识和技能,提升自身生态文明素养,牢固树立生态价值观。

第二条　节约能源资源。拒绝奢侈浪费,践行光盘行动,节约用水用电用气,选用高能效家电、节水型器具,一水多用,合理设定空调温度,及时关闭电器电源,多走楼梯少乘电梯,纸张双面利用。

第三条　践行绿色消费。理性消费、合理消费,优先选择绿色低碳产品,少购买使用一次性用品,外出自带购物袋、水杯等,闲置物品改造利用或交流捐赠。

第四条　选择低碳出行。优先步行、骑行或公共交通出行,多使用共享交通工具,家庭用车优先选择新能源汽车或节能型汽车。

第五条　分类投放垃圾。学习并掌握垃圾分类和回收利用知识,减少垃圾产生,按标识单独投放有害垃圾,分类投放其他垃圾,不乱扔、乱放。

第六条　减少污染产生。不露天焚烧垃圾,少烧散煤,多用清洁能源,少用化学洗涤剂,不随意倾倒污水,合理使用化肥农药,不用超薄农膜,避免噪声扰邻。

第七条　呵护自然生态。尊重自然、顺应自然、保护自然,像保护眼睛一样保护生态环境,积极参与义务植树,不购买、不使用珍稀野生动植物制品,拒食珍稀野生动植物,不随意引入、丢弃或放生外来物种。

第八条　参加环保实践。积极传播生态文明理念,争做生态环境志愿者,从身边做起,从日常做起,影响带动其他人参加生态环境保护实践。

第九条　参与环境监督。遵守生态环境法律法规,履行生态环境保护义务,积极参与和监督生态环境保护工作,劝阻、制止或曝光、举报污染环境、破坏生态和浪费粮食的行为。

第十条　共建美丽中国。坚持简约适度、绿色低碳、文明健康的生活与工作方式,自觉做生态文明理念的模范践行者,共建人与自然和谐共生的美丽家园。

为深入贯彻落实党的二十大精神,生态环境部会同中央精神文明建设办公室、教育部、共青团中央、全国妇联开展了"公民十条"修订工作,进一步深入推进落实新形势下生态文明建设的具体要求,强化公众在工作、生活等各方面生态环境行为的全面深入引领,对促进全社会牢固树立生态价值观,增强践行绿色低碳生活方式的行动自觉,推动构建生态环境治理全民行动体系,为建设人与自然和谐共生的现代化汇聚全民力量,具有重要意义。

"公民十条"倡导简约适度、绿色低碳的生活方式,虽然没有强制性,但应成为全民共识和自觉行动指南,成为我们每个人践行保护生态环境的社会责任。

5.2　"无废"绿色生活社会总动员

5.2.1　吹响"无废"绿色生活集结号

公众参与是"无废城市"建设的重要力量,应积极引导公众和环保社会组织积极参与"无废"理念传播和绿色低碳生活实践,养成垃圾分类等良好的生活习惯,凝心聚力营造氛围,让每个公民都成为"无废城市"建设的实践者、助力者与最终受益者。发挥媒体的作用,及时发布环境信息,解读相关政策,为公众解疑释惑,激发公众参与行动,畅通公众表达及诉求渠道,为"无废城市"建设凝聚强大的社会力量。

1. 做"无废城市"的参与者、建设者

2019年1月时任生态环境部党组书记、部长李干杰在生态环境部微信公众号发表署名文章《开展"无废城市"建设试点提高固体废物资源化利用水平》。指出"无废城市"是建设美丽中国的细胞工程,是深入落实习近平生态文明思想的具体行动。

李干杰提出,要践行绿色生活方式,推动生活垃圾源头减量和资源化利用。引导公众在衣、食、住、行等方面践行简约适度、绿色低碳的生活方式,促进生活垃圾减量。支持发展共享经济,减少资源浪费,加快推进快递业绿色包装应用。推行垃圾计量收费,创建绿色餐厅、绿色餐饮企业,倡导"光盘行动",加强生活垃圾分类和资源化利用。强化宣传引导,加大固体废物环境管理宣传教育,依法加强固体废物产生、利用与处置信息公开,充分发挥社会组织和公众的监督作用,引导社会公众从旁观者、局外人变成"无废城市"的参与者、建设者。

2. 全社会关心、支持、参与"无废城市"建设

2019年3月28日,在生态环境部召开的例行新闻发布会上,时任生态环境部固体废物与化学品司司长邱启文向媒体介绍我国固体废物与化学品司环境管理有关情况时说:"开展'无废城市'建设试点是党中央做出的一项重大的改革部署。'无废城市'建设是一项全民共建共享的工作,我们需要全社会来关

心、支持、参与,共同推动这项工作,并且取得实实在在的成效。"

3. 不做"无废城市"建设旁观者、局外人和评论家

2019 年 7 月,时任生态环境部固体废物与化学品司司长邱启文接受新京报专访时表示,在建设中,出台了试行版的指标体系,其中,一级指标"群众获得感"就是老百姓对"无废城市"建设的参与度、认可度、满意度,这一点至关重要。地方政府需要调动公众积极参与"无废城市"建设。我们每一个人都是固体废物的产生者,这就要求我们做"无废城市"建设的宣传员、参与者、推动者,不能做旁观者、局外人和评论家。

4. 营造共建"无废城市"的良好氛围

2019 年 5 月 13 日,生态环境部在广东省深圳市召开全国"无废城市"建设试点启动会。时任生态环境部副部长庄国泰在会上强调,开展"无废城市"建设试点是提升生态文明、建设美丽中国的重要举措。要提高行业企业和公众参与度,营造共建"无废城市"的良好氛围。调动各方力量积极参与"无废城市"建设,确保试点工作见到成效。新华社等国内主流媒体以及地方媒体对会议进行了深入报道。

5. "无废城市"理念要得到社会各界广泛认同和支持

2019 年 12 月 10—11 日,2019"无废城市"建设试点推进会在三亚召开。在会上,时任生态环境部副部长庄国泰表示,各试点城市和地区的党委政府在推动试点工作时要与城市经济社会发展相融合、相促进;部分试点城市丰富宣传教育工作方式,积极营造建设"无废城市"的良好社会氛围,"无废城市"理念得到社会各界广泛认同和支持,试点工作在多个方面取得阶段性进展,推进了我国生态文明领域制度创新。试点城市和地区已成为固体废物领域生态文明体制改革的"探路者"和"先行官"。

6. 重视"无废文化"培育

2022 年 6 月 27 日,全国"无废城市"建设工作推进会议在北京以线上和线下的形式召开。生态环境部部长黄润秋出席会议并讲话,黄润秋部长指出,开展"无废城市"建设是以习近平同志为核心的党中央坚持以人民为中心的发展思想,落实新发展理念,牢牢把握我国生态文明建设和生态环境保护工作形势,顺应人民群众对优美生态环境的期待,作出的重大决策部署。要重视"无废文化"培育,动员和组织群众积极参与"无废城市"建设,共建共享建设成果。会上

播放了"无废城市"建设试点总结宣传片。中央主流媒体和地方媒体对会议进行了深入报道。

5.2.2　解读和传播"无废城市"新理念

1. 从"无废城市"走向"无废社会"——艰巨而美丽的事业

"无废城市"建设试点委员会主任委员、中国工程院院士杜祥琬院士在 2019 年 5 月生态环境部召开的全国"无废城市"建设试点启动会上作为在全国首次提出"无废城市"及"无废社会"建议的牵头人,将"无废城市"的建设试点视为历史性的一步。他认为:废弃物的减量化和资源化利用水平是绿色发展、循环发展的体现,"无废城市"建设试点将带来显著的环境效益、经济效益和社会效益。"无废城市"建设的远景目标是最终实现整个城市固体废物产生量最小、资源化利用充分和处置安全的"无废社会"。国内主流媒体以及地方媒体对会议进行了深入报道。

2020 年 10 月,以"从'无废城市'走向'无废社会'——艰巨而美丽的事业"为主题,杜祥琬院士为"宣讲家网"做报告。杜祥琬院士提出,废弃物减量化和资源化利用水平是国家现代化水平的明显标志,也是生态文明建设的重要指标,更是提高公民素质的有力抓手。在当前社会,资源和能源正被人类大量消耗,其中很多资源和能源都是不可再生的,这就需要把社会从资源消耗体转变成资源利用的循环体。这也正是我国从"无废城市"做起,最终实现"无废社会"的意义所在。"无废社会"的实现需要长期地探索和实践,"无废社会"并不是没有废物产生,而是通过创新生产方式和生活方式,构建固体废物分类资源化利用体系,并且动员全民参与,进而从源头对废物进行减量和分类,实现资源环境和经济社会的共赢。

"宣讲家网"网站创办于 2006 年 10 月,是北京市委宣传部主管、北京市委讲师团主办的第一家专业理论网站,是全国独家高端视频智库网站,主要向网民们宣讲和解读党的科学理论与方针政策,中央国家机关工委和省地市 50 多个单位把"宣讲家网"作为干部在职理论学习的网上课堂,得到了社会的广泛认可和赞誉。

2. "无废城市"是实现城市可持续发展的重要途径

2021 年 5 月 25 日,《人民论坛网》刊登清华大学环境学院教授、博士生导师李金惠发表的文章《"无废城市"建设:生态文明体制改革的新方向》,文章提出"'无废城市'建设的意义体现在是落实习近平生态文明思想的具体行动,是解决固体废物环境污染突出问题的治本之举,是推动城市经济社会高质量发展的重要途径,是提升生态文明、建设美丽中国的重要举措"。"无废城市"建设中的生活领域固体废物包括生活垃圾、餐厨垃圾、建筑垃圾等,源头减量与人们的生活方式、生活习惯密切相关。推动践行绿色生活方式以及生活垃圾源头减量和资源化利用,应更多立足于绿色生活和消费方式的推广。

《人民论坛》作为人民日报所属的思想理论期刊,始终以创新研究传播习近平新时代中国特色社会主义思想为宗旨,深入宣传习近平总书记的治国理政思想,赢得了中央有关部门的肯定,受到社会各界的广泛关注。人民论坛网微信公众号开通以来,已累计近 100 万粉丝,在中央网信办发布的理论传播力榜单中位居前三。

3. 向世界讲好中国"无废城市"故事

2021 年 6 月 26—28 日,清华大学、联合国环境规划署、斯德哥尔摩公约亚太地区能力建设与技术转让中心等机构联合主办第十六届固体废物管理与技术国际会议,会议主题为"'无废城市'建设次第推进"。会议邀请了来自联合国环境署驻华代表处、联合国环境署可持续交通部、联合国环境署国际环境技术中心、联合国区域发展中心等 9 个联合国机构和政府间机构,以及澳大利亚、丹麦、德国等 34 个国家和地区的 208 名官员和专家作报告。会议围绕循环经济、生活领域固体废物、大宗工业固体废物、电子废物、危险废物、废塑料等专题进行深入交流研讨。会议共举办全体大会、3 场平行大会和 19 场线上线下分会论坛,线上参会及线下现场参会专家代表共计 800 余人,社会各界在线观看会议云现场总计 242.4 万人次,其中凤凰新闻 136.3 万人次、网易新闻 77.1 万人次。

4. 2023 年全球首个"国际无废日"讲好中国"无废城市"故事

2022 年 12 月 14 日,第 77 届联合国大会通过决议,宣布 3 月 30 日为"国际无废日"(International Day of Zero Waste)。2023 年 3 月 30 日,中国常驻联合国代表团任洪岩公使在"零废物作为变革性解决方案在落实可持续发展目标中的作用"联大高级别会议上发言,介绍中国在废物治理方面取得的显著成效。任洪岩说,中方秉持创新、协调、绿色、开放、共享的新发展理念,坚持以人为中心,以生态文明建设为引领,统筹推进高水平保护与高质量发展,在废物治理方面取得了显著成效。一是全面禁止"洋垃圾"入境,如期实现 2020 年年底固体废物进口清零的目标,累计减少固体废物进口量 1 亿吨,土壤污染风险得到有效管控。二是不断完善国内固体废物回收利用体系,培育固体废物加工利用产业,加快推进城乡垃圾分类,不断提升再生资源回收利用率,2021年主要再生资源回收利用量达到3.85亿吨。三是积极推进"无废城市"建设,全面落实固体废物减量化、资源化、无害化原则,不断提高资源利用效率,计划到2025年推动约100个城市开展"无废城市"建设。

在生态环境部固体废物与化学品司的支持下,巴塞尔公约亚太区域中心于2023年3月30日全球首个"国际无废日",组织了"搭建无废网络,促进无废建设"的主题活动,分享中国"无废城市"建设成效及"国际无废城市网络"搭建进展。会上巴塞尔公约亚太区域中心做了《中国"无废城市"建设进展与成效》主题报告。报告中系统分享了中国"无废城市"建设的背景、"无废城市"建设试点工作的进展和成效、中国"十四五"期间"无废城市"建设的思路和进展情况以及"无废城市"建设创新模式案例。《"国际无废城市网络"建设进展》报告详细介绍了"国际无废日"背景、"无废城市"全球行动以及"国际无废城市网络"建设进展。此次会议在联合国环境署网站上进行注册,使用中英文双语通过Zoom会议和腾讯会议同步转播,吸引了175位国内外专家学者参加,对我国"无废城市"建设成效进行了有效的宣传,同时呼吁更多城市加入"国际无废城市网络"。

为了积极响应"国际无废日"主题活动,提升学生对垃圾分类的关注度,培养青少年"垃圾分类从我做起"的意识,促进"无废校园"的建设,2023年3月30日,中新天津生态城综合执法局、环科公司将绿色时尚之风带到了中新天津生态城实验小学,为学生们送上了一场趣味十足、寓教于乐的垃圾分类文明实践宣传活动。

5. 开展"无废城市"系列培训

为提高管理部门及企事业单位的业务能力,搭建"无废城市"建设交流平台,生态环境部固废中心等单位举办了"无废城市"建设系列培训。培训班邀请固体废物领域专家进行授课,为地方党政领导干部、生态环境系统政府和科研人员及企业管理人员,解读"无废城市"政策,讲授制度建设、信息化平台建设,以工业固体废物、农业固体废物、垃圾分类、"白色污染"危险废物环境管理等一系列领域为专题召开研讨会。吸收国内外固体废物处理处置先进技术,消化我国"无废城市"建设的经验借鉴,充分认识"无废城市"建设的意义,以及与生态文明建设的关系等。找准自身城市特色、定位,因地制宜地开展"无废城市"建设,全方位统筹、不断深化改革创新,进一步提升固体废物管理制度改革路径、决策能力和固体废物污染防治的从业能力。

6. "'无废城市'建设试点启动"被评为国内十大环境新闻

中国环境报社于 2020 年 1 月 14 日在北京发布了 2019 年国内国际十大环境新闻。"2019 年 5 月,'无废城市'建设试点在深圳正式启动。国务院办公厅年初印发《'无废城市'建设试点工作方案》,提出开展'无废城市'建设试点。4 月底,从 60 个候选城市中正式选定'11＋5'个城市和地区作为首批试点。各试点城市和地区按照'一城一策'原则制定具体实施方案并相继通过评审。首批试点城市将通过具体实践,形成一批可复制、可推广的示范模式,为 2021 年后'无废城市'试点次第推开探索路径。"被评为国内十大环境新闻。

7. "无废"公众教育项目启动

2020 年 11 月 16 日,为配合"无废城市"试点建设,向社会推广"无废"理念,中华环境保护基金会、生态环境部宣教中心和百事集团在京联合启动"百事无废公众教育项目"。项目旨在全国传播"无废"理念和知识,以学校为平台通过学生带动家庭、家庭带动社区、社区带动社会,传播"无废"新理念,助力"无废城市"建设。项目开展"无废"知识讲座、实践活动,配备垃圾分类硬件设施等,推动学生参与"无废"知识学习和实践活动。同时,项目将试点"无废"智慧社区,将"无废"宣传从理念和意识落实到实际行动中,构建全民绿色"无废"生活方式。

2022 年 4 月 22 日,项目通过线上线下结合方式面向北京、杭州等 70 多所中小学开启"无废知识"第一课,通过专家讲座、学生主题演讲、教师现场授课等形式发出倡议,号召师生关注垃圾减量和资源的循环利用,共同践行"无废"理念。活动中颁布《"无废校园"指标体系》,指导全国"无废校园"建设。项目还结合中小学课程编制《"无废"生活从我做起》读本,开发"无废"小程序用于公众计算自己生活碳足迹、学习"无废"生活案例等。

8. 我国首套"无废城市"教育系列读本出版

2022 年河北雄安新区公共服务局会同中国环境报社、清华大学苏州环境创新研究院等单位组织编制我国首套"无废城市"教育系列读本,该套读本目的为培养儿童、青少年节约资源和保护生态环境的意识,通过"小手拉大手",推动全社会主动践行绿色生活、绿色消费,共建"无废雄安"。中国环境保护事业的主要开拓者和奠基人曲格平先生在系列读本序言中提到:"我国的环保是靠宣教起家的,这其中的教,就是教育,'环境保护,教育为本'"。

该套读本分为幼儿园阶段、小学低年级阶段、小学高年级阶段、初中阶段和高中阶段 5 部分。小学低年级阶段以"引导、探索、实践、讨论"为原则,教材的呈现方式注重启发、引领学生进行主动学习,培养小学生对于"废物"和"城市"概念的基本理解,引导学生建立基本的环境保护价值观,引导学生熟悉自己的家乡,培养学生保护家乡环境的责任感。小学高年级阶段以"深入思考、构建理念、形成意识"为原则,通过对"垃圾"全面系统的认识,理解人与自然、人与城市发展的关系。初中阶段以"循序渐进、国际视野、系统全局"为原则,将"无废城市"的内容与内涵贯穿在课程中,使学生对"无废城市"建设形成系统全面的认识。高中阶段以"思想引导、技术支撑、实践经验"为原则,将试点内容与习近平生态文明思想相结合,深刻理解理论与实际的关系,从而建立环境保护价值观。全套读本从"行为倡导、知识探究、理论学习"三个方面进行编制。培养青少年生态文明意识,引导行为,进而帮助树立理念,让生态环境保护和生态文明建设真正成为青少年乃至整个社会的思想自觉和行动自觉。

9. 万科公益基金发起"零废弃日"

垃圾分类,从源头减少垃圾至关重要。"零废弃"是一种生活方式,更是一种理念、目标,也是一种废弃物管理方法,是构筑在"尽可能避免产生垃圾"的实际做法之上的一种生活选择。

减缓废弃物对环境的影响刻不容缓,自 2018 年,万科公益基金会在五年规划中将战略目标定位于可持续社区,在这一目标下,社区废弃物管理被列为旗舰项目,在绿色发展中,废弃物管理也是重要的环节,"零废弃"则是社区废弃物管理中的重要实践理念。为加强公众对"零废弃"理念的理解,万科公益基金会、零萌公益和深圳壹基金公益基金会自 2018 年起共同发起"零废弃日"这一全国性公众倡导活动,在每年 8 月的第三个星期六举办,至 2022 年已成功举办 5 届。2022 年第五届零废弃日活动主题为"过刚刚好的生活,从小小的我开始"。活动号召公众尽可能避免产生垃圾,产生垃圾之后做好垃圾分类,是我们每一个人能为环境保护做出的最务实的努力。万科公益基金会邀请到了王石、樊胜根、高敏、胡歌 4 位零废弃生活倡导人和 22 位不同领域的低碳行动者一起分享他们的零废弃 Tips,在社区废弃物管理之下,万科公益基金会在社区、学校、办公室等多个场景下开展了多项实践。

5.3 赋能和汇集"无废细胞"内生动力

5.3.1 融入城市社会基层治理

"越是大城市越要注重在细微处下功夫、见成效。"习近平总书记在上海考察时,对深化社会治理创新提出殷殷嘱托。

人体的组织和器官都是由一个个细胞组成的,各项机能也都是由细胞发挥作用,所以细胞的健康是人体健康的基础。城市如同生命体,保持细胞健康并具有活力,城市这个"生命体"才能迎接各种挑战。如何让城市有规律地"新陈代谢",去除垃圾围城、资源紧缺等"痼疾",需要城市高质量的社会治理水平,把更多资源、服务、管理纳入基层,向基层充分赋能,充分调动每一个"城市细胞"的参与积极性,共建共享,才能让城市社会治理凸显成效。

城市是公众的家,也是社会机构和组织落地生根的"家"。"无废城市"的建设涉及城市生活的方方面面,需要社会机构和组织以及公众的广泛参与,构建政府引领、机构和组织落实、公众参与的固废环境管理共建共享机制,以"无废"理念为思想引领,培育资源节约和简约适度、绿色低碳的生活方式,让城市更"无废"、更美好。

5.3.2 "无废细胞"建设指引

城市作为"有机生命体",社会生活的机关、学校、社区、商场、景区、宾馆等作为组成单元,是城市生命体的细胞,应该把"无废"理念的"养分"输送到"城市细胞",高效统筹治理,让每一个"城市细胞"都焕发出活力,汇聚成"无废城市"建设强大的社会力量。

根据《"十四五"时期"无废城市"建设工作方案》等相关文件要求,创建"无废城市",应从城市细胞"无废"养成做起,通过基层组织管理,提升全社会固体废物源头减量和资源化利用意识,推动形成简约适度、绿色低碳、文明健康的生活方式和消费模式,引导公众从工作、学习、生活等方面践行"无废"行动,有效参与城市固体废物综合管理,凝聚社会力量,助力"无废城市"建设,最终迈向"无废"社会。

5.4 "无废细胞"建设

5.4.1 "无废机关"建设

政府机关承担了城市管理的重要职责。在城市社会生活中发挥着表率示范作用。建设"无废机关",应将生态文明理念和资源节约、固废减量的措施融入城市管理和内部管理中,做"无废城市"建设的倡导者、推动者和实践者,为"无废城市"建设作出贡献。

1. "无废"管理

（1）成立"无废机关"建设委员会，由机关相关领导，以及综合管理部门、人事部门、后勤管理部门、工青妇部门、物业公司等代表参加，研究讨论建设"无废机关"工作。

（2）完善和制定"无废机关"规章制度，明确"无废机关"建设目标和工作计划，落实责任并纳入监督和考核。

（3）定期评估"无废机关"建设的成效和存在问题，持续改进。

（4）重视"无废机关"形象宣传，通过不同途径让公众知悉"无废机关"建设目标和措施，取得社会各界的支持和参与。

（5）定期对工作人员进行生态文明、资源节约、"无废机关"建设等方面的教育培训，以指导其提升意识，了解所承担的任务。

（6）充分听取其他政府机关、专家、居民、同行、媒体和社会组织等方面意见建议，提升"无废机关"建设成效。

2. "无废"办公

（1）在单位履行制定城市管理法律法规、政策和实施中，纳入资源节约和绿色低碳的理念。

（2）实现办公过程智慧化，充分使用电子化办公系统，减少各类设备、物品的消耗。

（3）严格执行政府绿色采购制度，扩大采购生态环保、再生、资源综合利用等绿色产品范围。

（4）对电器电子产品、家具、车辆等办公资产进行统筹资产调剂，实现最大限度使用，避免闲置浪费。

（5）建立共享机制提高资产使用效率。

（6）每年核定并逐步减少日常办公用纸量，提倡双面用纸；使用再生纸、再生耗材等循环再生办公用品。

（7）限制使用纸杯等一次性办公用品，以及不可降解一次性塑料、泡沫等用品。

（8）充分利用网络视频等方式召开会议，减少会议用品使用和消耗。

（9）减少文件和物品快递包装，重复使用文件袋、包装箱等物品。

（10）新建、改建、扩建办公设施，采购和使用节能环保与再生利用的建材。

（11）定期对电脑、打印机等电子产品和办公家具等进行维护与维修，减少损坏。

3. "无废"餐饮

(1) 将厉行节约纳入公务接待、会议、培训等公务活动用餐管理。

(2) 做好食堂采购计划,建立食堂餐前统计制度,避免浪费。

(3) 在餐厅醒目位置张贴节约标识,设有专人负责监督。

(4) 在食堂开展"光盘行动",提醒用餐者适量点餐,提供量少份食物,适时提醒用餐者打包,制止食堂餐饮浪费。

(5) 食堂不提供一次性餐具,减少塑料餐具使用。

(6) 减少食堂在食品采购、储存、加工等环节对食材的损耗。

(7) 餐厨垃圾交有资质的企业处理,探索餐厨垃圾就地资源化处理。

4. 生活垃圾分类

(1) 严格落实生活垃圾分类制度,鼓励和推广生活垃圾源头减量措施。

(2) 按生活垃圾分类标准合理配置垃圾分类容器,集中投放点张贴垃圾分类投放指南,工作人员严格按照垃圾分类要求投放垃圾。

(3) 按照国家及当地要求,建立垃圾清运台账,交由规范的回收渠道处理,逐步减少垃圾清运量。

5. "无废"公益活动

(1) 结合"6•5"环境日、全国低碳日等环保节日,开展形式多样的"无废机关"宣传活动。

(2) 鼓励员工在社区、社会宣传"无废城市"建设理念和政策,参与"无废城市"建设公益活动。

(3) 在工作人员中开展"闲置物品捐赠""家庭物品共享"等"无废"家庭生活实践活动,带动家庭参与"无废城市"建设。

5.4.2 "无废社区"建设

社区是政府与公众关系的桥梁,是国家社会治理、城市行政管理的基本单元,社区也是可持续发展、绿色消费和生态环境保护实践的重要载体,是城市品质发展水平的重要标志。建设"无废社区",将"无废"理念贯穿社区管理和服务等活动的全过程,引导居民践行绿色生活方式,为"无废城市"建设作出贡献。

1. "无废"管理

(1) 建立"无废社区"建设委员会,由社区居委会、物业公司、业主委员会、垃圾收运企业以及所属城建、环保部门等代表参加,共商"无废社区"建设工作,实现决策共谋、发展共建、建设共管、效果共评、成果共享。

（2）遵守和执行国家与城市社区管理相关法律法规和措施,推动城市管理及"无废城市"建设进社区。

（3）制定并完善"无废社区"建设规章制度,明确"无废机关"建设目标和工作计划,落实责任并纳入监督和考核。

（4）定期评估"无废社区"建设的成效和存在问题,持续不断改进。

（5）定期对社区工作人员进行生态文明、资源节约、"无废社区"建设等方面的教育培训以及交流研讨活动,以指导其提升意识,了解所承担的任务。

（6）重视"无废社区"形象宣传,通过不同途径让公众知悉"无废社区"建设目标和措施,取得社会各界的支持和参与。

（7）协调社区内的机关和企事业单位等,共同参与"无废社区"建设。

（8）充分听取政府、专家、居民、同行、媒体和社会组织等方面的意见建议,提升"无废社区"建设成效。

2. "无废"环境建设

（1）结合社区改造、基础设施和公共服务设施维护,合理选用经济适用、绿色低碳的技术、工艺、材料、产品。减少浪费和产生建筑垃圾,实现社区基础设施"无废"化管理。

（2）社区内生活垃圾分类全覆盖,设置规范的有明显标识的分类收集装置,分类收集的生活垃圾交由有资质的机构处理。

（3）向社区居民发放垃圾分类指南,建立垃圾分类监督员制度,组织志愿者对居民垃圾分类进行指导和检查。

（4）设置废旧衣物回收箱、爱心捐赠箱及公共物品交换点等,使居民可以相互交换旧书籍、旧家具、旧衣物等或者将其捐赠给更需要帮助的人。

（5）有条件的社区设置公共厨余堆肥桶,就地转化厨余垃圾,并将制作的肥料施用于小区花草树木。

（6）培训和督导社区内的机构与企业,严格执行国家和地方垃圾分类要求。

3. "无废"文化

（1）构筑共建共治共享理念,制定"无废社区"行为守则倡议,倡导居民选择绿色生活方式,节约资源。

（2）利用社区公众号、宣传栏等载体,张贴和发布绿色生活、节约资源宣传语、宣传画等,创设"无废社区"文化氛围。

（3）向社会宣传"无废社区"创建行动典型经验和成效，带动周围社区共同助力"无废城市"建设。

（4）定期对所有社区工作人员进行生态文明、资源节约、"无废社区"建设等方面的教育培训，以指导其提升意识，了解所承担的任务。

（5）动员社区内企事业单位、社会组织广泛参与"无废社区"建设行动，形成绿色社区共建模式。

4."无废"公益活动

（1）组织社区居民参加绿色生活专题讲座、经验分享等，鼓励社区居民积极学习和实践。

（2）举办废旧物品捐赠、"跳蚤市场"等旧物交换等活动，带动社区居民积极参与。

（3）培育绿色生活志愿者，参与"无废社区"建设和管理，发挥示范、推动、监督作用。

（4）与附近"无废商场""无废景区"等联合开展绿色公益活动，引导居民积极参与"无废城市"建设。

（5）与附近学校联合开展"小手拉大手"活动，建立学校、家庭和社区"无废"行动联动。

（6）组织社区居民参观绿色低碳生活展馆、宣传教育基地、生活垃圾处理处置设施等，开展垃圾分类和资源回收利用科普教育。

5.4.3 "无废学校"建设

学校在培养国家和民族的未来人才中具有重要的作用，是城市的重要组成部分。建设"无废学校"，学校将资源能源节约和"无废"理念纳入学校全过程管理中，将学生培养成为具有生态环境保护社会责任感和实践能力的公民，为"无废城市"建设作出贡献。

1."无废"管理

（1）成立"无废学校"建设委员会，由学校相关领导，以及综合管理部门、人事部门、教务部门、后勤管理部门、学生会、家长委员会、社区等代表参加，共商"无废学校"建设工作。

（2）检查学校在资源节约、"无废"等方面存在的问题，制定并完善相关制度，确定工作目标和计划，明确责任及推动落实和改进，并纳入考核。

（3）新建、改建工程中，将"无废"理念纳入规划和计划中，实施绿色采购，积极采用节能、可重复使用、可降解材料,实现资源节约、环境影响最小和垃圾源头减量。

（4）积极采购绿色办公用品和设备,建立共享机制,鼓励重复使用,减少浪费,实现资源利用最大化。

（5）重视"无废学校"形象宣传,通过不同途径让公众知悉"无废学校"建设目标和措施,取得社会各界的支持和参与。

（6）定期对所有教师和员工进行生态文明、资源节约、"无废学校"建设等方面的教育培训以及教学和科研交流研讨活动,以指导其提升意识,了解所承担的任务。

（7）重视"无废学校"形象宣传,通过不同途径让公众知悉"无废学校"建设目标和措施,取得公众支持和参与。

（8）在校园设置垃圾分类回收设施,实现垃圾分类全覆盖,分类后的垃圾交由有资质的公司和机构处理,积极探索厨余垃圾和园林垃圾资源化利用。

（9）充分听取政府、专家、学生、同行、媒体和社会组织等方面意见建议,提升"无废学校"建设成效。

2."无废"教育

（1）将"无废"理念和知识融入教育教学活动中。鼓励学生多角度认知和理解资源节约和垃圾减量对城市可持续发展的重要性,学会关心社会,关心他人,关心我们的生存环境。

（2）充分发挥学校校园网、广播站、宣传栏、电子显示屏等宣传媒体的作用,向学生宣传"无废"理念和知识。

（3）开设资源回收、垃圾分类等的特色生态文明课程,让"无废"理念融入学生意识,并转化为行动。

（4）利用班会、社团课等多种形式开展"无废"宣教活动,把"无废"理念渗透到师生日常行为中去。

（5）结合"垃圾分类""跳蚤市场""光盘行动""绿色银行"等校园活动,推进"无废学校"建设。

（6）建立图书和文具循环使用制度,鼓励学生将不再使用的图书和文具赠送给需要的同学,或捐赠给贫困地区学生。提倡学生优先购买和使用可循环利用的文具。

3."无废社会"实践

（1）组织学生参与"无废城市"建设志愿活动和宣讲活动,培养学生的社会责任感。

（2）开展"无废小能手"等家庭活动，发挥"小手拉大手"作用，在家庭践行"无废"理念和行动，形成学校、家庭和社区共同参与"无废城市"建设的联动。

5.4.4 "无废商场"建设

商场不仅是商品消费的重要场所，更是服务消费的重要载体。在"无废城市"建设中，建设"无废商场"，可为消费者提供更多绿色低碳服务，引导绿色消费。同时，商场自身节约资源，提升绿色低碳品质，可为"无废城市"建设作出贡献。

1．"无废"管理

（1）成立"无废商场"建设委员会，由商场相关领导，以及综合管理部门、人事部门、采购部门、后勤管理部门、工青妇部门以及所在社区等代表参加，共商"无废商场"工作。

（2）检查资源节约、绿色供应链、废物减量、垃圾分类等方面存在的问题，制定并完善规章制度，明确"无废商场"建设目标和工作计划，落实责任并纳入监督和考核。

（3）定期评估"无废商场"建设的成效和存在的问题，持续改进。

（4）定期对所有员工进行生态文明、资源节约、"无废商场"建设等方面的教育培训，以指导其提升意识，了解所承担的任务。

（5）重视"无废商场"形象宣传，通过不同途径让公众知悉"无废商场"建设目标和措施，取得公众的支持和参与。

（6）充分听取政府、专家、顾客、同行、媒体和社会组织等方面的意见建议，提升"无废商场"建设成效。

2．绿色供应链

（1）按照商务部等部门发布的《企业绿色采购指南（试行）》有关要求，采购产品和选择供应。

（2）通过合同约定、项目培训等措施，引导供应商采用绿色设计技术，促进产品回收利用，减少环境污染和能源消耗。

（3）通过采购销售商品、采用绿色包装，以及优化物流等，提高循环再利用商品销售比例，降低固体废物产生量。

（4）建立智能化的绿色物流仓储管理系统，采取措施保障在物流仓储过程中的商品质量，减少剩余及损坏等浪费。

3. 引导"无废"消费

（1）开展"无废"消费宣传，传播绿色消费、环保、节能的理念，引导科学、适度、可持续的消费行为。

（2）不销售不利于资源节约和废物减量的商品。

（3）在低碳产品、再生利用产品、环境标志产品、绿色食品等产品销售区设置醒目标签标识，引导消费者购买。

（4）在商品购买、支付等区域设置提醒标识，引导顾客厉行节约、绿色消费、光盘行动等。

（5）严格落实国家有关禁塑限塑规定，采取有效措施减少不可降解塑料袋、塑料吸管/餐具等一次性塑料制品的消费量。

（6）提供可降解或可循环的各类环保购物袋，不过度包装商品，使用可循环利用的包装材料。

4. 垃圾分类、资源节约与循环利用

（1）严格落实垃圾分类，商场内外根据面积、客流量等合理设置垃圾分类回收装置，并定期收集，统一分类交城市垃圾收集机构转运。

（2）精简内部装修、装饰、商品宣传活动等，使用可重复利用设施，并使用绿色低碳环保节能材料，减少资源浪费。

（3）利用 APP、微信、电子广告屏等电子媒体发布商品广告，推广电子销售单据和发票，减少纸张浪费。

5. 公益活动

（1）针对顾客开展以旧换新、积分兑换等再生资源回收利用的活动。

（2）与周围社区、学校以及供应商联合开展"无废"公益活动，助力"无废城市"建设。

（3）组织员工参加"无废城市"建设公益活动和志愿活动。

5.4.5 "无废宾馆"建设

宾馆是展示城市文明形象和城市经济发展水平的重要窗口，是城市管理的名片。建设"无废宾馆"，将"无废"理念纳入宾馆建设和经营管理中，节约资源，垃圾减量，创造更加环保低碳、健康的宾馆服务，为"无废城市"建设作出贡献。

1. "无废"管理

（1）成立"无废宾馆"建设委员会，由相关领导，以及综合管理部门、人事部

门、客房管理部门、餐厅管理部门、物业公司等代表参加,研究讨论"无废宾馆"建设工作。

(2)完善和制定"无废宾馆"规章制度,明确"无废宾馆"建设目标和工作计划,落实责任并纳入监督和考核。

(3)定期评估"无废宾馆"建设成效和存在的问题,持续改进。

(4)对所有员工进行生态文明、资源节约、"无废宾馆"建设等方面的教育培训,以指导其提升意识,了解所承担的任务。

(5)重视"无废宾馆"形象宣传,通过不同途径让公众知悉"无废宾馆"建设目标和措施,取得公众的支持和参与。

(6)充分听取政府、专家、消费者、同行、媒体和社会组织等方面的意见建议,提升"无废宾馆"建设成效。

2. "无废"服务和运营

(1)将"无废"理念纳入宾馆设计、改造、装修等环节中,采用环保、安全、健康的建筑材料,减少资源消耗和对环境的影响。

(2)积极落实绿色采购,优先购买环境影响小、可循环利用的物品。

(3)在扩建、改建、装修中,购买和使用绿色原材料,减少建筑垃圾。

(4)提倡无纸化办公,实施办公用品共享,减少物品消耗,落实废旧物品再利用。

(5)在宾馆的客房、餐厅、大堂等顾客流动区域,以及网站、企业广告等应有节约资源、保护环境的科普宣传内容。

(6)客房服务不主动提供或有偿使用牙刷等一次性用品,使用可添加式洗涤用品。洗漱用具使用可降解材料,简化客房内用品的包装。

(7)餐厅应进行精准测算和采购,减少食物浪费。

(8)餐厅醒目位置设置"光盘行动"提醒,引导厉行节约。

(9)倡导餐饮分餐制,菜单中提供大、中、小例服务,适当消费。

(10)根据区域等因素合理放置垃圾分类收集设备,张贴垃圾分类提醒标识。

(11)生活垃圾分类后交由有资质的渠道进行处理。

(12)探索将咖啡渣、茶叶渣、绿化垃圾等制作肥料,用于植物肥料。

3. 公益活动

(1)对消费者节约、绿色消费提供积分兑换奖励等鼓励措施。

(2)组织员工志愿者积极参加"无废城市"建设公益活动。

（3）在员工中开展"无废家庭"活动，分享"无废"生活经验。

5.4.6 "无废景区"建设

景区是为游客提供参观游览、休闲度假等需求和旅游服务的场所。建设"无废景区"，向游客宣传"无废"理念和实施"无废"旅游活动，使其在景区交通、住宿、餐饮、娱乐等各个环节亲身体验到"无废"生活方式。同时景区实施固体废物源头减量、资源化利用及无害化处理，从而使固体废物环境影响降至最低，为游客提供更优质的旅游资源和旅游环境，推进旅游业的可持续发展。

1. "无废"管理

（1）成立"无废景区"建设委员会，由相关领导，以及综合管理部门、人事部门、业务管理部门、物业管理部门等代表参加，研究讨论"无废景区"建设工作。

（2）完善和制定"无废景区"规章制度，明确"无废景区"建设目标和工作计划，落实责任并纳入监督和考核。

（3）定期评估"无废景区"建设成效和存在问题，持续改进。

（4）定期对所有员工进行生态文明、资源节约、"无废景区"建设等方面的教育培训，以指导其提升意识，了解所承担的任务。

（5）加强与景区内宾馆、餐馆等单位在"无废景区"建设相关要求方面的沟通与协调。

（6）重视"无废景区"形象宣传，通过不同途径让公众知悉"无废景区"建设目标和措施，取得公众支持和参与。

（7）充分听取政府、专家、游客、同行、媒体和社会组织等方面的意见建议，提升"无废景区"建设成效。

2. "无废"运营和服务

（1）景区在新建、改建、扩建时使用绿色环保材料，节约资源，减少固体废物产生，将环境影响降到最低。

（2）在景区指南、解说、旅游资料中纳入"无废景区"建设目标和要求，以及资源节约、废物利用、垃圾减量等方面的知识。

（3）建立旅游环境监测预警机制，实施景区门票预约制度，采取措施，科学管理景区的资源消耗。

（4）实施景区门票、发票电子化，逐步取消纸质门票和发票。

（5）减少销售一次性和不可降解商品，增加可重复使用商品，不销售过度包装旅游商品，商品与包装物分开销售。

（6）在景区实施垃圾分类，引导游客将垃圾投放到指定地点，倡导游客将垃圾带离景区。

（7）配备设施将景区内绿化垃圾制作肥料。

3. 公益活动

（1）在景区针对游客开展公益互动活动，普及资源节约、循环利用、"无废景区"建设等知识。

（2）开展针对周围社区的宣传和体验活动，培养社区居民尤其是青少年对"无废景区"建设重要意义的认知和理解。

（3）与所在区域的学校开展合作，结合学校的自然与环境等课程，共同建设"无废"研学基地。

5.4.7　"无废快递"建设

电子商务和快递行业的发展给生活带来便利，但同时也带来了快递包装物生产量和使用量的激增，包装废弃物对环境造成的影响日益突出。建设"无废快递"，促进快递企业与电商平台从源头节约资源，减少快递垃圾和环境污染，降低企业运行成本，促进快递绿色化发展，为"无废城市"建设作出贡献。

1. "无废"管理

（1）成立"无废快递"建设委员会，由相关领导，以及综合管理部门、人事部门、业务管理部门、物业管理部门等代表参加，研究讨论"无废快递"建设工作。

（2）完善和制定"无废快递"规章制度，明确"无废快递"建设目标和工作计划，落实责任并纳入监督和考核。

（3）定期评估"无废快递"建设成效和存在的问题，持续改进。

（4）定期对所有员工进行生态文明、资源节约、"无废快递"建设等方面的教育培训，以指导其提升意识，了解所承担的任务。

（5）加强与上下游协同节约资源，杜绝过度包装，避免浪费和污染环境。

（6）重视"无废快递"形象宣传，通过不同途径让公众知悉"无废快递"建设目标和措施，取得公众的支持和参与。

（7）实施快件包装统一绿色采购制度，节约资源，循环利用。

（8）全面推广使用电子运单和电子发票。

（9）充分听取政府、专家、用户、媒体和社会组织等方面的意见建议，提升"无废快递"工作成效。

2."无废"包装

（1）优先选择低克重、高强度、可重复使用、易回收利用的包装。

（2）提升环保包装使用率，减少单件邮件、快件的平均包装用量。

（3）合理确定包装材料和包装方式，优化物品包装，避免过度包装和随意包装。

（4）应当遵守国家有关禁止、限制使用不可降解塑料袋等一次性塑料制品的规定。

3."无废"转运

（1）使用符合国家标准的生物降解塑料包装袋，不使用重金属、溶剂残留等特定物质超标的劣质包装袋。

（2）根据内装物的最大质量和最大综合内尺寸选用合适型号的包装箱。

（3）包装箱上减少使用胶带，优先采购免胶带包装箱或者使用可降解基材胶带替代普通胶带。

（4）减少填充物使用，优先使用可降解材质的填充物，不得使用有毒物质、发泡聚苯乙烯等有危害的物质作为填充材料。

（5）使用符合相应行业标准的涤纶纤维、涤棉、棉麻帆布等材质的可循环集装袋，逐步减少使用一次性塑料编织集装袋。

（6）对报废的可循环包装，寄递企业应当妥善处理，避免造成资源浪费和环境污染，处理情况存档备查。

（7）在营业场所、分拨中心配备符合规定的包装回收容器，推进包装物回收再利用，做好垃圾分类。

（8）对外形完好、质量达标的包装箱、填充物等包装回收使用。对无法回收使用的包装物，按有关规定妥善处理。

（9）按照共建共享、互利共赢的原则建立可循环包装共享平台，健全共享机制，逐步扩大可循环包装应用范围，提升循环使用效率。

4.宣传教育

（1）引导公众在使用快递服务时，拒绝非环保和含有有毒有害物质的快递包装材料，优先使用无毒无害、可降解、可循环的快递包装。避免过度包装，践行节约理念。

（2）利用各种媒介，主动公开宣传在绿色包装方面的做法和成效。

5.5 "无废"绿色低碳生活公民行动指引

随着社会及个人环境意识的不断增强,越来越多的人意识到,地球资源及其环境污染容量是有限的,必须把生活方式限制在生态环境可以承受的范围内,有利于生态环境保护的生活方式正被人们推崇。于是,有识之士开始倡导和践行绿色消费,以降低资源消耗,避免资源变成垃圾,提高资源利用的环境价值、经济价值和社会价值,将人类活动对环境的影响降到最低。

5.5.1 "零废弃"生活概念

"零废弃"生活方式的概念出自美国人贝亚·约翰逊(Bea Johnson),她被《纽约时报》称为"零废弃生活的传教士"。2010 年,她自己撰写了《我家没垃圾》(Zero Waste Home),书中用"生活贴士"的实用方式,阐述了一种"尽可能避免产生垃圾"的环保概念。

在《我家没垃圾》书中,提出了"零废弃"生活 5R 原则:

(1) Refuse:拒绝你不需要的;

(2) Reduce:减少你需要的;

(3) Reuse:重复使用你消费而来的;

(4) Recycle:回收你不能拒绝、减少重复使用的;

(5) Rot:分解剩下的残渣做成堆肥。

"零废弃"生活并非是不产生任何垃圾,而是一种生活方式的选择,是构筑在"尽可能避免产生垃圾"理念下的行动。这本书已经被翻译成 25 种文字在全球发行,成为全世界零浪费生活实践者指南和零浪费生活指导。目前世界各地产生了上百万名追求"零废弃"生活方式的践行者。

5.5.2 国际无废日

2022 年 12 月 14 日,联合国大会第七十七届会议上通过一项决议,宣布每年的 3 月 30 日为"国际无废日"。

在"国际无废日"期间,邀请会员国、联合国系统各组织、民间社会、私营部门、学术界、青年和其他利益攸关方参与旨在提高对国家、国家以下、区域和地方零废物倡议及其对实现可持续发展的贡献的认识的活动。联合国环境规划署和联合国人类住区规划署共同推动"国际无废日"的庆祝活动。"国际无废日"旨在促进可持续消费和生产模式,支持社会向循环型转变,并提高人们对零废物倡议如何促进2030年可持续发展议程这一问题的认识。

5.5.3 践行"无废"绿色生活公民理念

习近平总书记指出:"绿色生活方式涉及老百姓的衣食住行。要倡导简约适度、绿色低碳的生活方式,反对奢侈浪费和不合理消费。"

在全社会积极落实"双碳"目标、节约资源能源的时代,简约适度、绿色低碳的生活与工作方式正在成为社会和个人的新时尚。全社会每个人积极参与"无废城市"绿色生活的点滴行动,将汇聚成"无废城市"建设的巨大合力。

"无废城市"绿色生活公民理念包括以下方面:

(1)树立人与自然和谐共生理念。

(2)自觉履行公民节约资源、能源的义务与责任。

(3)形成崇尚和践行简约适度、绿色低碳的生活方式。

(4)养成资源共享、接续使用、物尽其用、避免浪费生活习惯。

(5)做"无废"绿色生活的践行者、倡导者、传播者和监督者,为"无废城市"建设贡献智慧和力量。

(6)建设"无废城市",共建美丽中国。

建设"无废城市",需要政府、企业、科研机构、社会组织以及公众个人共同践行绿色生活推动和共同参与。让我们积极行动起来,每一个人都成为绿色低碳生活的践行者、倡导者和传播者,让我们一起落实"无废"行动,为城市废物做"减法",努力建设"无废城市",迈向"无废社会",创造高品质生活,实现美丽中国愿景。

第6章

"无废城市"绿色生活创新实践

在"无废城市"试点建设中,各城市和地区都很重视"无废"的宣传和教育。广泛宣传"无废"理念,激发广大市民的意识和热情,引导居民做好垃圾分类,倡导绿色低碳和文明健康的生活方式和消费模式,努力实现全民动员,全员参与,全民监督,构建共建、共治、共享良好社会氛围,形成了一批可复制、可推广的创新模式和典型案例。

6.1 重庆市

2019 年 4 月,重庆市(主城区)成为全国首批"11+5""无废城市"建设试点城市,是唯一纳入试点的省级城市。重庆市将"无废城市"建设作为提升生态文明建设水平、推进长江经济带绿色发展和推动成渝地区双城经济圈建设的重要举措。在试点期间,重庆市强化社会公众对固体废物污染认识,以及固体废物减量、分类及资源化利用意识,引导政府、企业、社会组织和公众共同践行绿色生活,以"五个结合"推动构建"无废城市"建设的全民行动体系,助力"无废城市"建设,如图 6-1 所示。

6.1.1 "五个结合"构建"无废城市"建设的全民行动体系模式

1. 统筹谋划与协同联动结合

制定市、区"1+11"个宣传工作方案,明确宣传时间、宣传重点,细化新闻宣传、社会宣传具体安排,落实各级各部门职责分工,以试点宣传统领各领域工作宣传,做到系统谋划、整体推进,增强宣传工作的整体性、系统性。将试点宣传与循环经济、绿色生产、垃圾分类、光盘行动、塑料污染治理、农膜回收、绿色快递等有机结合,整合经济信息、城市管理、住房城乡建设、农业农村、邮政管理等

① 统筹谋划与协同联动结合

1.统筹谋划:制定市、区"1+11"个宣传工作方案

2.联动结合:经济信息、城市管理等40个部门联动

② 普及性与典型性结合

1.普及性:工、青、妇等群团组织开展"十进"宣传

2.典型性:"无废城市细胞"评价标准,16类"无废城市细胞"682个

③ 阶段性与持续性结合

1.阶段性:①定期发布科普视频、海报,长图等重要节假日宣传 ②传统新闻媒体宣传 ③新媒体宣传

2.持续性:①常态化定期宣传 ②案例实践、展台宣传

④ 教育引导与氛围营造结合

①"无废城市"生活手册 ②"无废城市"知识读本 ③特色课程 ④"校园无废日" ⑤"无废主题家长讲堂" ⑥短视频及征文大赛 ⑦环保征集令 ⑧创意艺术展等主题活动

⑤ 传统模式与创新手段结合

传统模式:报刊传统新闻媒体 创新模式:①短视频制作 ②传统曲艺融合 ③非物质文化遗产融合 ④微视频、艺术剧作等宣传 ⑤明星直播 ⑥自然博物馆环保行讨论 ⑦"无废城市秀"展示 ⑧新媒体线上直播

图 6-1 "五个结合"推动构建"无废城市"建设的全民行动体系

部门及各试点区宣传资源,将试点宣传融入各部门、各领域日常宣传中,既各司其职,又形成合力。

2. 普及性与典型性结合

针对不同对象策划不同的宣传内容和形式,充分发挥工、青、妇等群团组织作用,聚焦多群体,采取多形式,实施差异化宣传,深入开展"无废城市"宣传"十进"、有奖手机答题、手抄报征集、环保设施公众开放等,把"无废城市"建设试点的宣传科普内容以多种形式送进机关、家庭、学校、社区、工地、商场、企业、酒店、医院、乡村、景区,提升"无废城市"的知晓度。立足生产生活常见情景,与绿色创建活动有机结合,突出垃圾分类、绿色办公、废物循环利用等"无废"元素,制定"无废城市细胞"评价标准,创建 16 类"无废城市细胞"680 余个,覆盖衣、食、住、行各领域,集中力量打造典型性、代表性强的"无废公园""无废医院""无废菜市场""无废学校"等精品细胞,以小带大,示范带动,提升影响力。"无废医院"实现医疗废物从科室、病房、医院暂存间到收集、转运全过程闭环监管,拟在全市其他医疗卫生机构推广;"无废菜市场"日处理果蔬等餐厨垃圾约 5t,制备营养土 0.75t,实现餐厨垃圾不出"场";"无废学校"将"无废"理念贯彻教学全过程,公共区域不设垃圾桶、自制环保垃圾袋、不使用一次性纸杯,用自然装扮校园;"无废 4S 店"补齐汽车行业循环产业链在销售环节的"无废"链条;"无废公园""无废景区"利用枯枝落叶制备有机肥,使用废弃品制作手工艺品,实现废物资源再利用;"无废饭店"每晚定时打折促销剩余食材、菜品,并将咖啡吧残渣制作绿植肥料赠送客户,大幅减少了食材剩余,绿植肥料成为酒店的独特风景。

典型案例 1

重庆园博园有了市级"无废公园"名片

重庆园博园高度重视"无废公园"创建工作,主动作为创建市级"无废公园",全力助推重庆垃圾分类和"无废城市"建设工作。

一、成立"无废公园"创建工作领导小组。成立以管理处主任任组长的"无废公园"创建工作领导小组,制定了翔实的创建工作实施方案,将各项创建任务落实到人。组织召开创建工作动员部署会和创建工作推进会 5 次,提出 3 项要求。

(1)争当"无废公园"创建的宣传者。全面增强生态文明意识,牢固树立"无废公园"建设的绿色低碳循环发展理念,主动向游客宣传园区创建"无废公园"的理念和目标,宣传"无废公园"知识,让所有员工成为"无废公园"创建的宣传者。

(2)争当"无废公园"创建的践行者。从企业自身做起,主动使用可循环利用物品,不主动向游客提供一次性餐具,尽量减少或不用难降解物品,做好各类垃圾分类投放与收集。践行绿色发展理念,大力推行清洁生产,节约资源,想方设法减少固废的产生量,提高利用率,携手打好污染防治攻坚战。

(3)争当"无废公园"创建的监督者。引导广大游客积极参与"无废公园"创建的各类志愿活动,发现与"无废公园"创建相悖的不文明行为,应当即时提醒并耐心告知其正确的方式方法,主动监督"无废公园"的不规范者,携手共创绿水青山、生态宜居的美丽家园。

二、开展"无废城市"及"无废"创建知识培训。为进一步增强重庆园博园员工开展"无废城市"的意识,积极推进园博园"无废景区""无废公园"双创试点相关工作,重庆园博园邀请相关专家来园区开展了"无废城市"专题讲座,园博园管理处班子成员及全体员工、入驻商家企业员工共同参加培训。通过本次培训,园博园管理处全体工作人员及入驻企业商家员工对"无废"创建的重要意义、具体如何开展创建工作等方面有了更加清晰的认识,为创建"无废景区""无废公园"工作顺利开展打下了坚实的基础。

三、广泛征求市民游客意见建议。设置"无废"创建意见箱,广泛征求市民游客意见建议,并逐步进行整改落实,现场征集和听取市民游客意见和建议共 19 条。

四、加强园区环境卫生日常运营管理。委托专业物业公司负责景区清洁卫生,实现园区常年干净整洁。

五、加强垃圾分类处理。更换一批规范的垃圾分类设施,实现全园垃圾分类设施布局合理,标识明显,数量充足。

六、加大力度实施园林废弃物无害化处理。建成绿化垃圾处理场,实现园区绿化垃圾资源化回收利用。建立统一的绿化有害废弃物集中回收点,加强园区化学品管理,有效保护生态环境。

七、加强园区餐饮管理。所有入驻商家企业全部实现垃圾分类投放,厨余垃圾全部统一回收处理;园区餐饮企业出台了践行"光盘行动"奖励措施,就餐点菜时主动提醒按需点餐,拒绝浪费,积极引导游客践行"光盘行动",全园餐饮企业全面停止一次性餐具使用。

八、推行电子门票,启动"数字园博"建设。对现有门禁系统进行改造,实现无纸化购票和电子门禁系统;建立园博园三维实景模型和电子导览平台,实现园区智慧导览。

九、为降低能耗采用控制措施。更换园区路灯灯头为 LED 节能灯,节能灯具使用率达 90% 以上。

十、采取多种形式广泛宣传"无废城市""无废景区"。动员公众参与到"无废城市"共建共享氛围中,彰显"无废文化"魅力。专门设置"无废景区""无废公园"宣传栏 7 块,制作宣传展板 50 余块,宣传标语 100 余条,各种媒体宣传报道10 余条,开展有奖知识问答,科普宣传受众达 10 余万。

"无废景区"的创建需要景区、经营户、游客的共同努力,"无废景区"仅仅是一个开始,后续将加大"无废景区"宣传工作,持续指导经营户、游客践行绿色生活理念、源头减量、垃圾分类,打造更加优美、舒适的环境,为建设"无废城市"贡献力量。

3. 阶段性与持续性结合

在春节、"双十一""世界环境日"等重要时间节点以及"美丽中国我是行动者""百镇千村万户"农村环保大宣讲等重点主题活动,围绕热点话题,集中开展"无废城市"美陈巡展、快递物流包装物回收、医疗废物处置、废弃电器电子产品回收拆解、废旧衣服回收加工利用、生活垃圾分类等宣传报道,组织主题志愿服务活动 1500 余次。同步发动重庆日报、重庆电视台、上游新闻、华龙网等相关媒体以及微博、微信等互联网平台集中报道,并在首次宣传后,剪辑短片、短视频等,通过抖音等自媒体向手机端和网络推送,开展二次传播,保持宣传热度,最大限度扩大覆盖面和影响力。把试点宣传作为一个长期性、常态化工作,把"无废理念"贯彻宣传工作的全过程,把握宣传节奏,维持宣传热度,定期发布科普视频、活动长图等宣传试点进度、试点成效,针对同一主题多层面深挖案例实践,宣传活动尽可能采用再生可循环利用材料搭建舞台和展区,不提供一次性纸杯、矿泉水,不配发实体宣传品等,不断深化"无废城市"在公众心中的印象,提升宣传的长效性。

4. 教育引导与氛围营造结合

为有效引导学校积极参与创建"无废学校",重庆市率先制定了《重庆市"无废学校"评价标准》(表 6-1),从组织管理、校园环境管理、固废管理、主题活动、宣传和文化渲染、教学及附加 7 个方面全方位指导和评估学校创建"无废学校",满分共计 100 分,另含附加分 10 分,总分≥90 分的学校为市级"无废学校"。

各学校在创建"无废学校"过程中,充分发挥课堂教学主渠道作用,编制"无废城市"生活手册、"无废"重庆——中小学生"无废城市"知识读本等。将"无废文化"作为生态文明教育重要内容,与学科教学紧密结合,实现课堂传授、课后练习、专题教育、实践体验、课题研究、论文撰写、文化打造等全过程、全方位、全链条无缝对接。引导师生树立绿色发展理念,养成低碳环保的生活习惯,并通过家、校、社协作,形成以学校为主、家庭为辅、社区为媒的良好模式。创设"一修复、二循环、三创作,变废为宝"等特色课程、开展"校园无废日""无废主题家长讲堂"等校园活动,探索"普及—提升—自律"的教育引导路径。坚持减量化、资源化、无害化的"无废"理念,结合区域特点,先后组织开展短视频及征文大赛、环保星主播、创意艺术展等主题活动,并与"无废城市细胞"创建活动紧密结合,营造良好氛围。短视频及征文大赛持续 3 个多月,先后在 30 余个中小学校、青少年之家、景区(基地)开展现场活动,5 万余师生和青少年参与,征集短视频及征文 10000 余个,媒体宣传 40 余次,网络传播量超过 200 万次。环保星主播活动在长嘉汇开展,充分发挥知名主播和艺术家影响力、号召力,活动现场及食物文明展示区、资源再创站、低碳生活体验馆等展区吸引近千人参与,图文直播吸引约 60 万人次"云"端互动。创意艺术展依托重庆高新区大学城科教资源丰富、艺术气息浓厚氛围优势,既面向高校专业人员,也面向社会普通大众。

表 6-1　重庆市"无废学校"评价标准

项　　目		评 价 内 容	评 价 方 式	评分
A 组 织 管 理 (20 分)	A1(14 分)环 境 管 理 体 系	成立"无废学校"创建领导小组和管理组织机构,明确职责,责任落实到人(4 分)	档案文件、会议记录等	
		学期或学年工作计划中有明确的"无废城市"相关环境教育内容(7 分)	教学计划	
		主要负责人定期听取工作进度并解决工作中遇到的问题(3 分)	会议记录	
	A2(6 分)信息公开	在全校范围发布"无废学校"运行管理组织机构信息(3 分)	图片及调查座谈等	
		设置有环境问题建议的渠道,对环境管理提出的意见、建议及时有回应有落实(3 分)	意见记录、答复记录	

续表

项　　目		评价内容	评价方式	评分
B校园环境（12分）	B1（12分）环境卫生	校园整体环境干净整洁，无卫生死角，公共区域无垃圾堆积（3分）；无生活污水进雨水管网的现象（3分）；厕所干净无异味（3分）	现场查看	
		校园内教学楼、办公室、学生宿舍、食堂等场所合理设置足够的生活垃圾分类收集容器（3分）	现场查看	
C固废管理（28分）	C1（6分）办公室	教师推广使用电子文件，实行绿色办公（3分）	现场查看	
		教职工自备水杯，减少一次性纸杯使用（3分）	现场查看	
	C2（8分）食堂	教职工、学生积极践行"光盘行动"（3分）	现场查看、座谈	
		不提供一次性餐具（3分）	现场查看	
		餐厨垃圾进行资源化利用或委托第三方清运处理（2分）	现场查看、座谈	
	C3（9分）教室	禁止使用塑料书皮包书，鼓励引导使用废旧报纸、牛皮纸等包书皮（3分）；使用可循环利用文具（3分）；学生自带水杯，不提供一次性纸杯（3分）	现场查看	
	C4（5分）废弃物管理	在教学等环节产生的有毒有害实验室废物，委托有危险废物经营资质单位处置（3分）；校园防虫、绿化等环节产生的危险化学品废弃物，按照有害垃圾分类存放于密闭容器，摆放位置合理并及时清运（2分）	现场查看，图片、影像等资料	
D主题活动（10分）	D1（10分）社区活动	学校与所在社区建立良好共建关系，师生、家长走进社区，参加社区的生态环境保护活动，促进社区改善环境（5分）	现场查看，图片、影像等资料	
		学校组织师生环保志愿者队伍，向居民宣传环保知识（5分）	现场查看，图片、影像等资料	
E宣传和文化渲染（21分）	E1（12分）宣传教育	校内有"无废城市"宣传栏（3分）；图书馆有环保宣传书籍、报纸杂志（3分）；广播站有"无废城市"主题内容播出3次以上（3分）	现场查看，图片、影像等资料	
		每年校园黑板报或宣传窗至少有2期"无废城市"内容刊出（3分）	现场查看，图片、影像等资料	
	E2（9分）环保活动	每学年组织以"无废城市"为主题的征文或演讲等活动1次以上（3分）；每学年开展以"无废学校"或生态文明建设为主题的实践活动1次及以上（3分）；鼓励学生成立环保社团或兴趣小组，开展相关活动（3分）	现场查看，图片、影像等资料	

续表

项 目		评价内容	评价方式	评分
F 教学(9 分)	F1(5 分)教学内容	每年有 2 个以上"无废城市""无废学校"相关的教学精品课件(5 分)	现场查看,图片、影像等资料	
	F2(4 分)教学形式	每年"无废城市"相关内容教学时长不少于 2 课时(4 分)	现场查看,图片、影像等资料	
G 附加(10 分)	G1(4 分)命名表彰	获得过国家级、市级命名表彰的学校,如绿色学校、文明学校等(4 分)	相关命名表彰文件	
	G2(6 分)特色活动及媒体报道	学校结合自身特点,开展特色活动并取得良好成效,被市级以上主流媒体报道(6 分)	现场查看、图片资料	

5. 传统模式与创新手段结合

通过报纸、电视、广播、网络、客户端、机场车站等平台,以新闻发布、专家访谈、现场采访、线上讲座、张贴配发宣传品等方式,全方位、多层次宣传"无废城市"建设试点。特别是邀请专家从什么是"无废城市"、为什么建"无废城市"、怎么建"无废城市"等十个方面,深度解读。发起全国首个"无废城市"线上公益讲座,四期讲座累计吸引 8000 余人次收看,使公众对"无废城市"认识更到位,理解更深刻。突破固有思维,线上线下联动,将"无废城市"宣传与短视频制作、传统曲艺、非物质文化遗产、现代歌舞、艺术创作等结合,聘请知名主播和艺术家作为"环保星主播",在自然博物馆环境厅创设"无废城市展区",通过广播、抖音、快手、微视等建立传播媒介综合平台及自制微信小程序开展线上直播,向全社会传递"无废城市"建设的重要性和成果成效,营造全社会共同参与"无废城市"建设的浓厚氛围。

6.1.2 取得的成效

(1)营造了浓厚的宣传氛围

试点工作启动以来,各类媒体共报道逾百次,其中中央媒体报道 20 多次,重庆日报整版刊发《重庆"无废城市"建设试点 10 问》,在微信、微博、抖音等平台发布消息 500 余条,制发短视频、漫画、街头采访、图解、海报等新媒体产品 20 余个,点击量达 600 万,主题活动参与人数累计超过 200 万人次,营造了全社会共同参与的浓厚氛围。

（2）提升了社会的"无废"理念

坚持减量化、资源化、无害化的理念，倡导简约适度、绿色低碳的生活方式，向社会公众传递不使用一次性餐具、践行"光盘行动"、减少一次性纸杯和塑料制品使用等理念，向市民普及什么是"无废城市"、重庆"无废城市"建设成效、普通市民如何参与"无废城市"建设等知识，"无废"理念逐步得到社会认同。

（3）创新了宣传的手段措施

突破固有思维，将环保宣传与传统曲艺、非物质文化遗产、现代歌舞等文化结合，深化文艺创作，并充分发挥文艺界资源，邀请知名主播和艺术家作为"环保星主播"，通过广播、抖音、快手、微视等建立传播媒介综合平台，发挥影响力和号召力，向全社会传递"无废城市"建设的重要性和成果成效。

（4）"无废城市细胞"覆盖社会生活各领域

截至 2020 年年底，全市共创建 16 类 682 个"无废城市细胞"，其中市级 176个、区级 506 个，覆盖社会生活各领域。按创建类别分为："无废学校"168 个，"无废小区"143 个，"无废公园"47 个，"无废商圈"18 个，"无废饭店"49 个，"无废景区"20 个，"无废机关"171 个，"无废医院"38 个，"无废工厂""无废企业""无废油库""无废 4S 店"各 5 个，"无废机场""无废菜市场"各 1 个，"无废村庄"4个，"无废社区"2 个。

6.2 天津市

中新天津生态城（简称"天津生态城"）是由中国和新加坡政府合作的旗舰项目，是世界上首个国家间合作开发的生态城市。2013 年 5 月 14 日，习近平总书记到生态城考察时指出，生态城要兼顾好先进性、高端化和能复制、可推广两个方面，在体现人与人、人与经济活动、人与环境和谐共存等方面作出有说服力的回答，为建设资源节约型、环境友好型社会提供示范。这为生态城的发展提供了重要遵循，指明了方向。2019 年 5 月，天津生态城作为国际合作代表，成为国家"无废城市"建设试点。

天津生态城以生态文明理念为先导，借鉴国际经验，构建了统一共识、行动协同、成果共享的"无废细胞"行动体系。思想决定行为，行为主导结果，"无废"文化的导入对"无废城市"建设工作至关重要。生态城居民采用"生态细胞—生态社区—生态片区"三级组团居住模式，沟通交流较为便利，有利于"无废"文化的培育。但居民及企业在绿色生活、绿色生产方面仍处在理念阶段，尚未落在实处，缺少推动居民自觉践行绿色生活方式的有力措施。生态城通过创建"无废细胞"、构建生态值体系、开展宣传教育活动，培育"无废"文化，引导居民在日常衣、食、住、行、用等方面树立绿色生活、共建共享的意识,使"无废城市"创建深入人心。

6.2.1 以绿色生活为纽带的"无废"文化培育模式

1. 创建"无废细胞",构建"无废"生态圈

制定绿色生活指南。通过以系统推进、广泛参与、突出重点、分类施策为基本原则,突出"节水、节能、节材、节地、环境保护"的特点,出台社区、机关、商场、景区、学校、酒店、工地、公园等典型场景的"无废细胞"创建实施方案,培养居民绿色低碳观念,指导居民和单位日常践行绿色生活方式,规范商家绿色经营,使生态城"无废城市"创建深入人心。

《无废细胞创建实施方案》主要内容如下:

(1)《绿色无废机关创建实施指南》

机关作为绿色生活方式的引导者、示范者和践行者,主要负责设计绿色生活方式的总体目标、为绿色生活方式的实施提供基础指导、提供基础设施及配套政策,并监督相关部门落实。根据绿色生活方式中涉及的领域,指导绿色办公、绿色采购、绿色用能、绿色出行、绿色食堂、绿色环境、垃圾分类、信息与文化建设八个方面对机关构建绿色生活方式的实践。通过实施,深入贯彻落实绿色"无废机关"理念,宣传绿色低碳、文明健康的办公方式。

(2)《绿色无废社区创建实施指南》

社区是绿色生活方式的实践平台。根据社区在绿色生活方式中涉及的领域,该指南指导社区就组织管理、规划与设施、环境质量、废弃物管理、宣传教育活动、居民绿色生活六个方面,对社区构建绿色生活方式的实践进行指导。通过实施,贯彻落实绿色"无废社区"理念,宣传绿色低碳、文明健康的生活方式,并将以此为契机,持续推动绿色生活创建行动,形成崇尚绿色生活的社会氛围。

(3)《绿色无废学校创建实施指南》

对各类学校推进绿色生活方式进行指导,根据学校在绿色生活方式中涉及的领域,该指南分别就绿色管理、绿色教育、绿色教学、绿色校园、绿色用能、绿色出行、绿色绩效七个方面对学校构建绿色生活方式的实践进行指导。

(4)《绿色无废酒店创建实施指南》

酒店是绿色生活方式的示范者和践行者。将环境保护和合理利用资源能源融入酒店经营管理中,调整酒店的发展战略、经营理念、管理模式和服务方式等,倡导绿色消费,引导社会公众践行绿色生活方式。根据酒店在绿色生活方

式中涉及的领域,该指南分别就绿色设计、能源管理、环境保护、降低物资消耗、提供绿色产品与服务、绿色管理六个方面对酒店构建绿色生活方式的实践进行指导。通过实施,贯彻落实绿色"无废酒店"理念,宣传绿色低碳、文明健康的生活和工作方式。

（5）《绿色无废景区创建实施指南》

景区是生态城全域旅游示范区的重要组成部分,作为绿色生活方式的核心场景,向国内外游客宣传"无废城市"理念,以点带面扩大生态城绿色影响力。根据景区在绿色生活方式中涉及的领域,该指南分别就绿色设计规划、绿色"无废景区"制度管理、公共意识宣传与信息沟通、垃圾分类回收和废弃物处理、绿色旅游服务、绿色设施可持续发展、自然人文资源保护与可持续利用、信息化智慧化建设八个方面对景区构建绿色生活方式的实践进行指导。通过实施,在景区及游客中贯彻落实绿色旅游理念,宣传绿色低碳、文明健康的游玩方式,推广绿色生活方式,形成崇尚绿色生活的社会氛围。

（6）《绿色无废商场创建实施指南》

商场作为推动绿色流通、倡导绿色消费的载体,主要为促进绿色生活方式树立绿色标杆,引导绿色消费,促进行业可持续发展。根据商场在绿色生活方式中涉及的领域,分别就组织管理、设备设施、绿色供应链、绿色消费、资源环境五个方面对绿色"无废商场"构建绿色生活方式的实践进行指导。通过实施,在商场贯彻落实绿色发展理念,宣传绿色低碳、文明健康的生活方式,推广绿色生活方式,形成崇尚绿色生活的社会氛围。

（7）《绿色无废公园创建实施指南》

公园是作为绿色生活方式的核心场景之一。根据公园在绿色生活方式中涉及的领域,分别就生态规划、园容环境卫生管理、环保宣传与游客行为引导、垃圾分类回收和废弃物处理、绿色基础设施建设、自然资源保护六个方面,对公园构建绿色生活。

（8）《绿色无废工地创建实施指南》

绿色施工是建筑全生命周期中的一个重要阶段,绿色"无废工地"创建是"无废城市"建设中重要组成部分。根据工地在绿色生活方式中涉及的领域,指南分别就绿色施工规划、绿色施工管理、环境保护、节约资源、废弃物管理、宣传教育及标志、智能化管理七个方面,对工地构建"无废工地"的实践给予指导。

推动绿色生活实施。针对社区、学校、机关等典型场景,创建各类"无废细胞"。在社区,积极倡导减少垃圾袋使用或倡导使用可降解垃圾袋,降低一次性餐具、洁具使用;在机关单位,推行无纸化办公或倡导二次纸利用;在学校,探索编制生态文明教材读本,结合课堂教学、专家讲座、实践活动等开展环境保护教育；在生态城范围内大力倡导光盘行动，有效降低餐厨垃圾产生。此外，在出行、建筑、旅游等配套的城市建设、生活与工作中，不断加强基础设施和配套制度建设，使绿色生活成为生态城发展的主要基调，构建全场景、全维度"无废"生态圈。

2. 构建生态值体系，宣贯绿色生活理念

通过线上活动获取"生态值"。在社交方面，居民通过每日登录系统签到、转发可获得生态值；在教育方面，完成垃圾分类知识线上学习、答题可获得生态值。此外，居民完成每月任务，通过垃圾分类知识考核可获得额外的生态值奖励，中新天津生态城"无废城市"建设工作使"无废"理念深入人心。

居民通过践行绿色生活获取"生态值"。通过正确投递厨余垃圾和可回收物可获得生态值；在社区，居民主动参与绿色志愿活动可获得生态值；主动拍摄文明及不文明现象照片并上传智分类 APP 可获得生态值；日常践行绿色出行，采用公共交通、自行车等方式出行，可获得生态值；入选年度"环保家庭"可获得生态值；自发作为志愿者协助组织相关活动等均可获得生态值，使居民树立共享共建意识，成为绿色生活理念的"宣传员"，参与"无废城市"建设。

📝 典型案例 2

天津生态城垃圾分类生态值激励机制

为倡导居民主动参与垃圾分类，天津生态城在已有垃圾分类积分兑换的基础上，设立垃圾分类生态值激励机制。生态值体系共分为 12 个等级，每个等级都有获得的对应权益。

居民通过线上学习垃圾分类知识和线下参与绿色生活活动获得生态值（图 6-2）。如主动参与垃圾分类、正确投递厨余垃圾和可回收物、日常践行绿色生活、作为志愿者协助组织相关活动、拍摄垃圾分类文明和不文明行为，以及日常践行公共交通、自行车等绿色出行方式、入选年度"环保家庭"等均可获得生态值，兑换相应权益。

通过正向激励，不仅吸引更多的居民主动参与垃圾分类、践行绿色生活方式，也提高了垃圾分类效率和质量，居民的生态环保理念也在不断升级。

3. 强化宣传引导，引领"无废城市"新风貌

（1）开展系列主题活动，深入传播"无废"知识

充分发挥党建引领作用，联合机关、社区、学校和社会组织，推进"无废城市"共商、共建、共治、共享。发挥广大党员模范带头作用，激发居民参与"无废

种子
1000
行使权益

润芽
2000
行使权益

灵苗
3000
行使权益

萃叶
4000
行使权益

蔓枝
5000
行使权益

妙木
6000
行使权益

卉蕾
7000
行使权益

琼苞
8000
行使权益

花信
9000
行使权益

花绽
10000
行使权益

花盛
11000
行使权益

繁花
12000
行使权益

中新生态城垃圾分类生态值激励机制实施方案

等级	生态值	行使权益（每个等级限选一项权益）
种子	1000	①生态城垃圾分类教育体验馆VR游戏体验券10分钟 ②第三社区积分兑换店9.5折 ③天津生态城健康管理免预约服务
润芽	2000	①热卖超市家具9.7折 ②第三社区积分兑换店9折 ③中新天津生态城健身馆-羽毛球体验券30分钟
灵苗	3000	①热卖超市家电9.7折 ②世纪华联日用品9.7折 ③第三社区积分兑换店8.8折
萃叶	4000	①热卖图书2折 ②国家海洋博物馆免费预约 ③第三社区积分兑换店8.0折
蔓枝	5000	①热卖超市家电8.7折 ②中新天津生态城健身馆-跑步机体验券30分钟
妙木	6000	①第三社区积分兑换店日用品7.0折 ②天津生态城演艺术信免预约服务 ③热卖超市订价券500元购物卡
卉蕾	7000	①中新生态城健身馆-羽毛球体验券60分钟 ②第三社区积分兑换店日用品6.5折 ③生日当天人送50生态值
琼苞	8000	①方特乐人家赠票一张 ②天津生态城安全体验馆免预约 ③中新生态城健身馆-游泳观馆体验券30分钟
花信	9000	①中新生态城健身馆-跑步机体验券60分钟 ②川井老铺订价券30代金全费券 ③中新生态城健身馆-游泳观馆体验券60分钟
花绽	10000	①方特乐人家赠票二张 ②中新天津生态城健身馆-跑步机体验券90分钟 ③中新天津生态城健身馆-游泳观馆体验券90分钟
花盛	11000	①海尔明价券238元自助餐券一张 ②方特乐人家赠票三张 ③中新天津生态城健身馆-游泳观馆体验券120分钟
繁花	12000	①海尔明价券238元自助餐券二张 ②方特乐人家赠票四张 ③中新天津生态城健身馆月卡一张

图 6-2　生态值等级图标展示及相应权益

城市"建设的积极性和自觉性。在社区、景区、商圈、学校、公园等场所开展以"无废城市"为主题的宣传活动。2020 年,组织开展宣传活动 160 次,累计参与人数 23404 人次。

典型案例 3

锦庐园小区垃圾分类宣传教育见成效

锦庐园小区位于生态城锦庐社区,该小区于 2012 年正式交付入住,共计 34 栋楼,1096 户,实际入住户数约 903 户,入住率约为 82.4%,是生态城第一批生活垃圾分类精品示范小区之一,也是生态城"无废城市"建设工作成果的一个缩影。通过撤桶建站、分类站点定时宣传、敲门行动入户督导、红黑榜公示等持续不断的活动宣传,起到了多层次、多维度、全方位的立体化宣传效果,在小区形成了浓厚的垃圾分类氛围,推动垃圾分类工作。

1. 实施撤桶建站

（1）全面宣传。一是通过张贴垃圾分类指引、宣传海报、温馨提示和撤桶工作公告；二是通过小区楼梯口、电梯内以及活动区域的电子显示屏循环播放垃圾分类宣传视频；三是通过短信、微信群、公众号等平台告知居民小区内将开展集中分类投放点设置以及楼层撤桶工作；四是入户宣传，向居民详细解释家庭生活垃圾分类办法、撤桶建站带来的好处以及集中分类投放点的选址情况。请住户在入户宣传记录表上署名，入户宣传记录表仅作为确认入户宣传工作时使用，保证入户率达100%。

（2）实施楼层撤桶。由社区居委会及物业单位协助逐步开展地上、地下撤桶工作，在垃圾桶撤离后，物业组织清洁人员对原有垃圾桶点位进行深度清洗保洁，将地面残留的油渍、印迹、泥渣等一律清除，并长期开展巡检清洁，保持楼道整洁干净、无异味，同时在原有楼层桶点位置张贴温馨告示，引导居民主动到集中分类投放点进行投放。

（3）清运及维护管理。加强对集中投放点分类收集容器进行清洗或擦洗，确保周围无裸露垃圾、污水。环保公司按照垃圾投放点的垃圾清运计划（制度），分类别、分频次、分时段地清运各类垃圾。在居民投放高峰期组织安排督导员、志愿者等在集中分类投放点开展分类投放督导工作，引导居民准确投放。

2. 合理配置分类设施

经过多次方案论证和现场踏勘，根据每200～300户设置一处分类站点的标准，在小区内共设置了6处垃圾分类站点，其中5处为分类站亭（厨余垃圾＋其他垃圾组合），1处为环保驿站（可回收物＋有害垃圾投放点）；在小区主要入口配置垃圾分类公示宣传栏，楼内各单元门处张贴宣传海报；为每户居民发放垃圾分类指导手册、两分类垃圾桶和厨余垃圾袋，共计发放宣传手册1000余册、两分类垃圾桶840个、厨余垃圾袋50400个。

3. 开展宣传活动

根据运营计划，定期在小区进行资源回收/积分兑换/主题宣传/重大节日庆祝/垃圾分类优秀表彰等活动。开展"吹响垃圾分类集结号""垃圾分类入户，上门宣传入心""助力无废城市建设，点赞最美家庭""无废城市我参与，垃圾分类我先行"等垃圾分类主题活动。

经过一段时间，锦庐园小区的垃圾分类取得了一定成效。截至2020年12月底，锦庐园小区垃圾分类居民知晓率达到100%，参与率达82%，分类准确率达75%，生活垃圾回收利用率达51%。

（2）制定年度宣传计划，全方位营造"无废"氛围

生态城运用公众号、自媒体等新兴媒体平台，统筹户外展牌、公交站牌、智慧灯杆等垃圾分类宣传平台，以多元化、多角度的宣传手段，制定年度宣传策划

方案,营造"无废"氛围。截至 2020 年年底,在抖音和微视两个平台策划发布短视频 58 条,累计阅读量达 14630 余人次;"中新天津生态城发布"等公众号策划推送稿件 77 篇,转载及阅读总量超过 18410 人次。

(3) 打造宣传教育阵地,多角度宣传"无废"理念

建设垃圾分类教育体验馆、环卫科技体验馆和城市生活垃圾管理体验馆等教育阵地,融合了垃圾分类知识科普、积分兑换、垃圾再利用实践、市民环保知识培训等功能,培养居民垃圾分类意识,切实提高居民的参与度。垃圾分类教育体验馆于 2020 年 6 月 5 日开放,累计接待参观 164 次,共计接待 2170 人次。

6.2.2 取得的成效

天津生态城印发一整套生态城绿色生活指南和考核细则;针对社区、商场、景区、学校、酒店、工地、公园、机关等典型场景创建 50 个"无废细胞",并在生态城内逐步推广。将居民参与志愿活动、日常绿色行为等以"生态值"形式量化,以相应等级享受对应的公共服务,累计参与用户 5791 户,共产生生态值 1471038 分。

6.3 三亚市

三亚市位于海南岛南端,是典型的滨海旅游城市,2019 年常住人口约 78.25 万,接待游客人次高达 2294 万人次,旅游总收入为 581 亿元,约占全市生产总值的 85.7%,旅游产业是三亚市的支柱产业,旅游品牌形象直接代表了游客对三亚的印象。"无废城市"建设的重要任务之一是在全社会范围内推行"无废"理念,推行绿色生活、绿色消费,秉承绿色、共享、开放的可持续发展理念,实现全民共治模式的建立。因此,如何建立针对旅游人口的宣贯体系,以旅游人口作为绿色生活和绿色消费模式的传播主体,扩大"无废城市"建设在全国、全世界的辐射力和影响力,是三亚旨在依托旅游产业优势努力解决自由贸易港建设背景下城市发展中固体废物污染的重要问题。

"无废城市"建设试点过程中,依托旅游产业优势,三亚市组织开展了全方位"无废细胞工程"建设,建立面向旅游人口的"无废"理念宣贯体系,旨在推动旅游产业绿色升级,树立绿色旅游品牌形象,打造"无废城市"宣传窗口,推动城市绿色发展。

6.3.1 旅游业"无废"理念链式传播及绿色转型升级模式

1. 强化标准建设,建立基于旅游行业的"无废细胞工程"标准体系

结合三亚实际,制定并印发《三亚市"无废机场"实施细则》《三亚市"无废酒店"实施细则》《三亚市"无废旅游景区"实施细则》《三亚市"无废岛屿"实施细则》《三亚市大型酒店固体废物产生、处理和减量计划的申报制度》《关于创建绿色商场工作的通知》等制度文件,明确细胞工程创建标准,建立评价指标体系,为细胞工程创建提供标准引领。

2. 以旅游行业"无废细胞工程"建设为抓手,推动旅游产业绿色升级

开展旅游行业全产业链"无废细胞工程"建设,全方位打造"无废机场""无废酒店""无废旅游景区""无废岛屿""无废渔村""无废赛事""无废会展"、绿色商场、绿色社区等细胞工程,建立生活垃圾分类体系,全面落实"禁塑",推动可循环利用物品使用,促进固体废物减量化、资源化、无害化处理。"无废城市"建设试点期间,各景区抓紧固体废物基础设施提升,改善园区环境,提升旅游品质。通过细胞工程建设,落实企业主体责任和公众个人意识,打造绿色旅游品牌形象,推动旅游产业绿色发展,建立基于生态环境改善的旅游产业经济效益提升战略。

📝 **典型案例 4**

梅联村——"无废渔村"建设,推动海洋环境保护

梅联村位于三亚市崖城镇最西部,南临南海、北毗青山,西接乐东县九所镇交界,是梅山革命老区的四个村庄之一,也是全国社会主义新农村示范点。

梅联村有 303 户人家,常住人口大约 1300 人。之前,一半村民在附近企业打工,另一部分依靠打渔为生,面临着环境和生态污染、自然资源遭到破坏、渔民生活收入方式单一、生活条件差等问题。海底拖网、张网、电鱼、炸鱼、禁渔期非法捕鱼等现象时有发生,渔民暴力、落后的捕鱼方式对当地生物多样性造成巨大威胁,年平均出鱼量由 10 年前的 1t 下降到 500kg。2013 年,梅联村村民人均年收入仅为 4000 元左右,渔民平均年收入为 3900 元左右。同时,村庄内垃圾遍地,废弃渔网、塑料垃圾在海滩随意堆积。

为解决上述问题,实现人民对美好生态环境的向往,提升居民对幸福生活的获得感,2013 年开始,梅联村村委会不断探索渔业社区共管,致力于"无废渔村"建设,重点解决环境问题。

(1)村委会引入第三方环保协会,组织梅联村所有渔民多次召开会议,推广

渔业社区共管模式,环保协会工作人员与村干部挨家挨户上门,得到每一户渔民的支持。

（2）由政府（原三亚市海洋与渔业局）代表、企业（三亚大小洞天发展有限公司）代表、环保协会、梅联村村委会与梅联村 95 户渔民签订环保协议,通过新旧媒体结合方式推广旅游项目,长期有志愿者在梅联村服务。

（3）开展科普进校园活动,使梅联村小学生成为"海洋卫士",从小培养保护海洋的意识。组织召开系列研讨会、讲座及环保电影放映等活动,提高村民环保意识。

（4）开展海漂垃圾打捞,建设海洋渔场,规范村内垃圾处置,增设垃圾回收装置,减少村内及海滩垃圾污染,改善整体生活环境,反哺海域水质,生物多样性和鱼虾产量提升,增加渔民收入。

（5）通过建设农家乐,推广梅联村生态旅游,提高妇女参与劳动的能力,增加收入。

通过"无废渔村"建设,村内增设垃圾回收装置 160 个；村民的海洋环保意识增强,渔业生物多样性保护力显著提高,渔民年渔获量增加到 1500kg,特别是稀有鱼类数量增加到 400kg/a。截至 2019 年 4 月,梅联村的捕鱼船只由 2013 年的 86 艘减少至 55 艘,专职渔民由 2013 年的 86 人减少至 20 余人。生态环境的改善带来了旅游和民宿业的发展,从 2014 年只有 1 家民宿发展到 2019 年全村拥有 100 多家民宿,渔民人均年收入由 2013 年的 4000 元增加至 2019 年的 12000 元。

3. 以旅游行业为媒介,打造全方位"无废文化"传播渠道

（1）制定"三亚市'无废城市'建设游客指南",在机场、码头、酒店、景区、商场等重点区域发放,提升游客对三亚市"无废城市"建设的知晓度。

典型案例 5

三亚"无废城市"建设游客指南

一、什么是"无废城市"?

"无废城市"并不是没有固体废物产生,也不意味着固体废物能完全资源化利用,而是一种先进的城市管理理念,是通过推动绿色发展方式和生活方式,实现整个城市固体废物产生量最小、资源化利用充分,最大限度减少填埋量,将固体废物环境影响降至最低的城市发展模式。

2019 年 5 月,生态环境部印发"无废城市"建设试点名单,三亚市是 11 个试点城市之一,也是海南省唯一的一个。2019 年 11 月 22 日,《三亚市"无废城市"

建设试点实施方案》印发实施,三亚"无废城市"建设试点正式拉开帷幕。

二、三亚"无废城市"怎么建?

三亚"无废城市"建设是政府主导、全民共治的行动,需要您的共同参与和支持,旨在通过"无废机场""无废景区""无废酒店"、绿色商场、工业旅游和生态农业旅游等细胞工程,营造绿色生活与消费氛围,减少生活垃圾产生量,提高废物回收利用,精心呵护"青山绿水、碧海蓝天",打造宜居宜游宜业的美丽山水城市。

"无废机场":在三亚市凤凰国际机场开展"无纸化"便捷乘机,生活垃圾分类投放和收运,大型航空集团探索减少一次性不可降解塑料餐具、塑料袋使用等试点活动,制定固体废物减量计划和实施细则。

"无废景区":在南山、蜈支洲岛、大小洞天、鹿回头、天涯海角等4A以上旅游景区开展"无废旅游景区"建设试点,强化景区垃圾投放、收运和资源化利用,鼓励园林垃圾就地处理(图6-3)。

图6-3 三亚在景区利用废船、废玻璃等制作网红打卡船

"无废酒店":在4星以上酒店开展"无废酒店"建设试点,制订固体废物减量计划,探究减少食物浪费、高质量回收餐饮垃圾、减少提供一次性洗漱用品以及激励措施。

绿色商场:建成2家绿色商场,引导绿色消费,不过度包装,鼓励使用可循环利用包装;实施垃圾分类投放和收集,促进生活垃圾减量。

工业旅游:组织开展环保设施开放和参观,设计生活垃圾、餐厨垃圾、建筑垃圾等处理设施的参观通道和路线,科普生活垃圾分类、废物再生利用等知识。

生态农业旅游:以农业、田园风光为基础构建旅游项目,配套生态农业展览、互动性管廊、博物馆、体验馆等,提升绿色生态农业的公众认知。

三、这些新政策你知道吗?

"无废城市"建设是一种综合的城市管理理念,是环境保护的重要抓手,最近三亚市都有哪些相关的生态环境新政策呢?

(1)"限塑"升级为"禁塑"

2019年2月,《海南省全面禁止生产、销售和使用一次性不可降解塑料制品实施方案》印发,标志着我省"禁塑"工作的全面启动。海南省每年一次性不可降解塑料制品使用量为11万～12万吨,其中省内产量约为6.5万吨。"禁塑"强调的是禁止生产、销售和使用,2020年年底前全省全面禁止生产、销售和使用一次性不可降解塑料袋、塑料餐具。

(2)生活垃圾分类

目前,三亚市已经建立了生活垃圾、餐厨垃圾的收集处理体系。2019年11月,《三亚市生活垃圾分类实施工作方案》印发,将着力构建生活垃圾分类投放、分类收运、分类处置体系,强化宣传教育,提升生活垃圾分类意识。

四、我怎样助力三亚"无废城市"建设?

(1)自觉遵守三亚市文明行为规范,作文明有礼游客;树立环保意识,维护三亚美丽形象。

(2)坚持绿色生活和消费方式,拒绝过度包装,购买再生环保商品,使用可重复使用的环保购物袋。

(3)减少一次性塑料制品使用,出行自带水杯,从源头减少塑料废物的产生。

(4)入住酒店,提倡自带洗漱用品,减少一次性洗漱用品使用,空调温度设置合理,随手关闭水、电,减少资源浪费。

(5)在外就餐应尽量按需点餐,践行光盘行动,减少食物浪费,将餐饮废物、纸张废物、饮料包装物、贝壳废物等分类投放。

(6)垃圾分类从我做起,遵守公共场合、景区等垃圾分类要求,践行垃圾不落地,将可回收垃圾、其他垃圾分开投放。

(7)践行绿色出行,尽量乘用公共交通和共享交通工具,减少交通拥堵和环境污染。

(8)呵护海洋环境,尽量租借沙滩玩具,不将废物遗留在沙滩和海域,积极参与海滩垃圾捡拾,争做海洋保护使者。

(9)公共场所不吸烟,不随意丢弃烟头,不乱吐槟榔,保持环境卫生清洁,避免随地吐痰、便溺等不文明行为。

(10)关注"无废城市"建设,积极参与"无废机场""无废景区""无废酒店"等试点活动,争当"无废"理念的倡导者,共同建设新生态文明。

五、我的努力如何助力"无废城市"建设?

(1)挽救海洋污染严峻局势:2018年海南省海洋环境状况公报显示,海滩垃圾数量高于5×10^4个/km^2,均来源于陆地活动。2019年7月,"深海勇士"号载人潜水器在某公海海域下潜,在近2000多米的深海遇到成片海底垃圾。研究表明,在海底4500米下的生物体内依然能够发现直径小于0.3mm的微塑料;微塑料经过生物循环可能进入陆地生物体内,形势异常严峻。

(2)减少资源浪费:三亚市全年生活垃圾清运量高于60万吨。其中包含大量可回收垃圾,如进行有效回收利用,回收一吨塑料可以节约650kg汽油和柴油,节约电5000kW·h。

(3)缓解环境污染:三亚每年产生的生活垃圾如果完全填埋,需要占地$1.33\times10^6 m^3$,可以填满100个小型泳池,且塑料等完全降解需要1000年。未分类的生活垃圾可能含有重金属等污染,渗漏液处理难度大,存在污染土地和地下水的隐患。

(4)呵护生态环境:三亚自然风光秀美,生态环境优良,造就了三亚人居、旅游、度假的美丽天堂。建设"无废城市"就是呵护美丽三亚,保护其良好的生态环境,保障城市的可持续发展。

(2)利用各种媒体资源,在机场、码头、酒店、景区等游客聚集区域广泛宣传"无废城市"建设举措,打造"无废"主题场景,建立寓教于乐的"无废文化"传播模式,打造机场—酒店—景区—商场的"无废城市"第一印象区,提升游客对"无废城市"建设的知晓度和参与度。

(3)将"无废文化"宣传教育纳入旅游行业标准化宣贯体系,提升旅游行业从业人员环保宣传水平,在做好服务的同时,向游客宣传绿色生活、绿色消费理念,促进游客环保意识提升。

(4)打造海洋环保教育基地,分别在大东海、蜈支洲岛、西岛、梅联村建设海洋环保教育基地,开展海洋环境保护的常态化宣传教育,提升公众参与的便捷性和积极性。

(5)以大型赛事和会展为媒介,鼓励嵌入"无废"理念,编制《无废会议及赛事指导手册》,建立"无废赛事""无废会展"要求,打造从入会到离会的全过程"无废"体验模式,促进跨区域传播,提升三亚"无废城市"建设的国内外影响力。

4. "控塑"形成白色污染综合治理模式

自《海南省全面禁止生产、销售和使用一次性不可降解塑料制品实施方案》印发以来,三亚市通过制度引领、源头减量、海陆统筹、公众参与以及国际合作等多种有力措施,不断推动塑料等垃圾治理及可持续发展,打造"无废城市"先锋样板与国家生态文明试验区标杆。

(1)为限塑控塑提供制度引领

三亚市委、市政府高度重视禁塑工作,成立由副市长任组长的"禁塑工作领导小组"(以下简称"领导小组"),高位推进限塑控塑工作;高标准制定并印发《三亚市全面禁止生产、销售和使用一次性不可降解塑料制品实施方案》,明确限塑控塑目标、任务;领导小组配套出台《2020年三亚市全面禁止生产销售使用一次性不可降解塑料制品工作重点任务》和《三亚市禁止生产销售使用一次性不可降解塑料制品试点工作任务分工方案》,进一步细化限塑控塑工作任务,强化责任落实,为限塑控塑工作提供制度引领。

(2)源头减量措施提供核心保障

三亚市在生活和消费领域实施重点行业和场所限塑控塑,要求全市各级党政机关单位、事业单位、大型国有企业等单位食堂,主要旅游景区、大型超市、大型商场、星级酒店、学校、医院等行业和场所及政府相关单位主办的大型会议、会展等活动禁止提供和使用列入禁止名录的一次性不可降解塑料袋和塑料餐具;通过绿色商场、绿色学校、绿色社区、绿色机关、"无废机场"、"无废酒店"、"无废旅游景区"、"无废岛屿"等细胞工程创建,鼓励使用可重复利用的替代品;邮政快递行业推广绿色快递包装,从源头减少一次性塑料快递包装和胶带的使用。

(3)提升公众"净塑"意识

在地球日、世界环境日、世界海洋日、国际海滩清洁日等环境节日,三亚市组织开展"禁塑"等系列宣传教育活动。在蜈支洲岛、梅联村、西岛等建立海洋环保宣传教育基地,为公众搭建常态化、社会化的海洋环保科普平台,为白色污染治理提供不竭动力。

5. 加强国际合作

2020年3月,三亚市政府正式成为中国首个加入WWF全球"净塑城市"倡议的城市。2020年10月,三亚市生态环境局与巴塞尔公约亚太区域中心签署《中挪合作——海洋废塑料及微塑料管理能力建设项目合作备忘录》,在三亚市开展海洋垃圾和塑料废物的减量示范活动,为全球解决塑料污染问题提供中国经验,提升三亚在塑料污染防治方面的国际影响力。

6.3.2 取得的成效

1. 基于旅游行业的"无废细胞工程"标准体系基本建立

制定并印发"无废细胞工程"实施细则、评定办法和创建通知等共计11项,覆盖机场—酒店—旅游景区—商场—海岛的细胞工程创建,基本建立基于旅游行业的"无废细胞工程"标准体系。

2. "无废细胞工程"创建数量显著提升

三亚凤凰国际机场开展"无废机场"建设,全市31家4星级以上酒店全部开展"无废酒店"建设,8家4A级以上景区全部开展"无废旅游景区"创建,西岛开展"无废岛屿"建设,梅联村开展"无废渔村"创建,包括三亚免税店在内的4家大型商场积极创建绿色商场,30个农业园区开展休闲农业旅游,基于旅游行业的"无废细胞工程"数量上升至76个,辐射游客上千人次。据环保产业协会初步估计,公众"无废城市"参与度达到80%以上。

3. 固体废物减量化、资源化利用成效显著

"无废细胞工程"均不再使用一次性不可降解塑料袋和塑料餐具;通过"无废机场"建设,三亚凤凰国际机场80%的航线废物得以回收再利用;蜈支洲岛景区的垃圾分类回收体系使得生活垃圾回收利用率达到25%,园林垃圾实现全量化利用;"无废酒店"取消六小件主动供应,一次性废物产生量显著下降,企业成本也大幅降低;西岛全岛居民积极参与"爱岛"行动,回收各类再生资源累计3700kg;梅联村每年减少村内生活垃圾堆积和随船垃圾倾倒1t以上。

4. 初步建立全链条精品绿色旅游品牌,生态红利逐渐显现

伴随着"无废渔村""无废岛屿""无废景区""无废酒店"等精品绿色品牌的建立,公众对生态环境改善带来的获得感逐渐提升。2020年下半年,三亚市旅游人数和收入逆势上升,实现了环境效益到经济效益的高质转化。以"无废岛屿"建设的西岛为例,废船改造的海上书房、废物再造文创馆成为网红打卡和综艺直播聚集地。以"无废渔村"的梅联村为例,通过村内垃圾整治、海漂垃圾打捞、海洋渔场建设等,形成渔业社区共管机制,生态环境大幅改善,游客人数显著提升,社区居住人口在旺季高达2万人,带动民宿从1家上升至100多家,渔民年均收入比原来打渔所得的收入明显提升。

6.4 深圳市

深圳位于南海之滨,毗邻港澳,是一座充满魅力、活力、动力和创新力的超大型城市,经济总量迈入亚洲城市前五。深圳作为中国改革开放的排头兵、先

行地、实验区,深入贯彻落实习近平生态文明思想,践行绿水青山就是金山银山的理念,以探索超大型城市固体废物治理样板为使命,全面深化固体废物综合治理体系改革,系统构建固体废物大环保统筹管理新格局,创新打造依法治废制度体系、多元化市场体系、现代化技术体系、全过程监管体系,全方位推进"无废城市"建设。

为贯彻落实党中央、国务院战略部署以及深圳市委、市政府关于"无废城市"工作部署要求,深入推进"无废文化"行动,本着"面向公众,面向基层,注重创新、注重实效"的原则,2020年起,深圳市生态环境局以习近平生态文明思想为指导,开展百万市民看深圳——"无废文化"创建行动,逐步营造全社会崇尚绿色发展理念、积极践行绿色生活方式的氛围。2022年,深圳市生态环境局发布《深圳市"十四五"时期"无废城市"建设实施方案》,把"无废文化"行动纳入八大行动之一,列为重点工作。其中,核心要点是突出全民共建,并与文明城市建设等一体化推进开展"无废文化"进教材、进课堂行动。集聚政府、媒体、企业、社区、公众多方力量,建立多元化"无废文化"传播矩阵。

6.4.1 全社会多元化"无废文化"创建行动模式

1. 共建共享,打造"无废文化"参与平台

作为城市治理的基础单元,社会共建和志愿服务是推动"无废城市"建设的重要力量。深圳市生态环境局全方位、多层次、多角度宣传"无废文化",以不同的活动载体形式深度链接各方资源,深入推动"无废文化"多方共建,形成政府搭台,固废企业、专家学者、文明实践志愿者、活动市民四方共同参与的共建模式。

📝 典型案例6

深圳垃圾减量日集"减"字红花,倡源头减量!

为推动生活垃圾源头减量,2020年9月1日起深圳开始实施《深圳市生活垃圾分类管理条例》(以下简称《条例》),《条例》规定将每年11月8日的深圳"光盘日"提升为"垃圾减量日",希望广大市民能够更加重视和践行生态环保的生活方式。将垃圾分类、源头减量、光盘等行为结合起来,从力所能及的细节做起,为打造"无废城市"作出自己的贡献。

在垃圾减量日组织开展垃圾减量宣传教育活动,倡导简约适度、绿色低碳的生活方式,从源头限制和减少生活垃圾产生。2021年11月8日是深圳市垃圾减量日,深圳每天产生的生活垃圾约3.3万吨,城市不堪重负,为发动广大市

民参与生活垃圾分类和减量,积极传播垃圾分类文明理念,围绕"源头减量,助力减碳",推动全社会形成垃圾减量分类的新时尚,深圳市开展送你一朵"减"字小红花系列主题活动。

1. "减"字集花行动

你参与垃圾源头减量,我送你小花以示鼓励。点亮"减"字小红花,还可赢取现金红包及肯德基、必胜客、星巴克优惠券!每个人一小步,深圳一大步。随着越来越多的人参与进来,小程序内地图上的红花也会越来越多,最终便能共同点亮整个深圳!参与活动还可生成个人专属海报。

好友扫码参与活动,你也可以再获得一朵小红花,获得"减"字小红花数量越多,获奖概率越大。动动手,一起源头减量,助力减碳!扫描二维码即可进入活动。

2. "减"字换享行动

"垃圾减量日"前后,深圳市各区会在垃圾分类科普教育体验馆、市政公园、大型商业综合体等区域开展"换享行动"——垃圾分类减量创意集市活动,期待广大市民积极参与,通过"以物换物"的方式增加家庭闲置物品利用率。

3. "减"字乐跑行动

以减量出行、徒步慢跑、捡拾分类等形式开展"'减'跑深圳·零碳先锋"主题活动,助力深圳市第42届市民长跑日活动,进一步倡导绿色、低碳、环保的生活方式。

4. "减"字绿购行动

倡导电商、外卖等平台积极参与垃圾减量工作,避免过度包装,积极使用环境友好型外卖包装,不免费提供一次性餐具等;向消费者宣导垃圾分类和垃圾减量的绿色环保理念。

5. "减"字光盘行动

开展"光盘行动"和"反对浪费、崇尚节约"等文明行动,倡导"餐厅不多点,食堂不多打,厨房不多做"的理念,宣传生活垃圾分类和减量理念,引导单位和个人参与垃圾减量体验活动。

为推动生活垃圾源头减量,《条例》还将每年11月8日的深圳"光盘日"提升为"垃圾减量日",规定在垃圾减量日组织开展垃圾减量宣传教育活动,倡导简约适度、绿色低碳的生活方式,从源头限制和减少生活垃圾产生。为做好首个"垃圾减量日"宣传工作,提高市民对"垃圾减量日"的知晓率,围绕"垃圾减量,从细微开始"的主题,深圳市推进生活垃圾分类工作指挥部办公室发出《给市民的一封信》,呼吁全体市民积极践行垃圾减量,从细微开始。

《给市民的一封信》中提到,"践行光盘,少点一份菜;节约资源,少用一张纸巾;理性消费,少买一件衣服;支持环保,少用一个塑料袋;低碳生活,少用一次性用品。"通过以上五个方面,深圳市推进生活垃圾分类工作指挥部办公室呼吁市民从身边的小事做起,共同响应垃圾减量的号召。希望广大市民能够更加重视和践行生态环保的生活方式。将垃圾分类、源头减量、光盘等行为结合起来,从力所能及的细节做起,为打造"无废城市"作出自己的贡献。

2. 搭建全媒体立体传播平台,提升公众参与率、获得感和满意度

(1)打造高端宣传教育基地,11个行政区每个区至少打造1个高品质、有特色的垃圾分类科普教育基地,完成2个建筑废弃物综合利用和2个污泥利用处置示范教育基地建设,累计创建17所自然学校和25个环境教育基地,接待公众超过120万人次/年。

(2)在中国环境报、深圳特区报、深圳晚报、深圳ZAKER、深圳网易、学习强国等刊发546余篇相关报道,点击阅读量超200万人次。在户外、公交站台、机场航站楼、电梯点位、大型商业圈、地铁车站和列车等2万余块显示屏投放"无废城市"建设主题宣传海报及视频短片,举办"无废城市"创建示范点系列巡礼活动,接受知识普及公众超过400万人次。

(3)开展垃圾分类"蒲公英"公众教育计划,组建830余名志愿讲师团队伍走进社区普及生活垃圾分类知识,开展生活垃圾分类微课堂和生活垃圾分类行为引导活动超过4万场,直接影响人群超过262万人次。编制中学、小学、幼儿园垃圾分类知识读本,2635所学校将知识读本纳入学校德育课程,超过250万师生参与教育学习。

(4)举办"环保随手拍"活动,参与人数达4600多人,提交垃圾分类、光盘消费等照片总数量6820多张。设立垃圾分类"环保银行",46所学校注册账户1.7万余个,引导学生收集废玻金塑纸兑换书籍和文具等用品。上线投用垃圾分类碳币服务平台,注册用户超15.6万,累计发放碳币约2.6亿,玻金塑纸和废旧织物回收利用超过3000t。

3. 创新"集中分类投放＋定时定点督导"模式

深圳市强制开展生活垃圾分类管理,创新"集中分类投放＋定时定点督导"模式。制定《深圳市生活垃圾分类社会监督员管理办法(试行)》,在全市设置21830个集中分类投放点,聘请20499名督导员现场定时定点督导,3815个小区和1690个城中村实现垃圾分类全覆盖。生活垃圾回收利用率仍然达到42%,领先国内先进水平。

典型案例 7

<h2 style="text-align:center">深圳市生活垃圾分类社会监督员管理办法(试行)</h2>

为落实《深圳市生活垃圾分类管理条例》的有关规定,建立深圳市生活垃圾分类管理监督机制,推动社会力量参与生活垃圾分类治理,营造社会共治的良好氛围,确保生活垃圾分类管理监督工作顺利进行开展,特制定本办法。

一、人数和范围

生活垃圾分类社会监督员由深圳市城市管理和综合执法局向社会公开选聘,首次聘请人数为 100 名,后续根据工作需要进行增减,其中包含:人大代表、政协委员、生活垃圾分类推广大使、蒲公英志愿讲师、文明使者、物业企业代表等。

二、聘任条件

(一)拥护党的路线、方针、政策,熟悉生活垃圾分类管理的法律、法规、标准,有较丰富的生活垃圾分类知识,带头遵守生活垃圾分类相关的法律、法规,践行生活垃圾分类。

(二)关心生活垃圾分类事业,热心社会公益,了解生活垃圾分类管理工作,有较强的分析判断能力。

(三)具有良好的思想品质和职业道德,坚持公平、公正原则、具有广泛的群众基础。

(四)善于听取和反映市民的意见,敢于依据职责实施监督。

(五)身体健康,年龄在 18~65 周岁,可以胜任社会监督的工作要求。

三、聘任和解聘程序

(一)深圳市城市管理和综合执法局面向社会公开选聘,在选聘期内接受市民群众的自愿报名。

(二)深圳市城市管理和综合执法局在选聘期结束后对所有报名者进行资格审核,按照"择优聘任"原则,根据选聘计划数确定聘任名单。经公示后,被确定的聘任的社会监督员,由深圳市城市管理和综合执法局颁发统一印制的聘书和"深圳市生活垃圾分类社会监督员证",并组织专题培训。

(三)社会监督员的聘任期限为 2 年。期满后,因工作需要,经过本人申请同意后可以续聘,到期未续聘即为自然解聘;因工作变动或其他原因不能继续履职的,由深圳市城市管理和综合执法局及其本人协商同意后,提前解聘。

四、工作职责

(一)根据生活垃圾管理的法律法规和本市生活垃圾管理工作要求,对本市生活垃圾管理工作开展监督检查。

（二）宣传介绍垃圾分类工作，加强与社会各界的沟通联系，争取公众对生活垃圾分类给予更多理解和支持。

（三）参与研究解决生活垃圾分类管理工作中存在的问题，对生活垃圾分类工作政策、制度、规定，提出有益的意见和建议。

（四）承担与垃圾分类监督相关的其他工作。

五、监督方式和内容

（一）监督方式

1. 随机监督：社会监督员在日常生活、工作期间对生活垃圾分类投放、分类收集、分类运输、分类处理等情况进行随机监督。

2. 集中监督：深圳市城市管理和综合执法局定期组织社会监督员对分类投放、分类收集、分类运输和分类处理进行集中监督。

（二）监督内容

1. 分类投放：对生活垃圾分类投放责任人的投放行为，以及生活垃圾分类投放管理人的管理职责进行监督。

2. 分类收集：对生活垃圾收集单位或者个人的收集情况进行监督。

3. 分类运输：对生活垃圾运输单位或者个人的收运情况进行监督。

4. 分类处理：对生活垃圾处理单位或者个人的处理情况进行监督。

六、反馈流程

（一）社会监督员在开展社会监督活动时可采取明察、暗访等多种形式进行监督，监督过程中需做好记录，发现问题时将问题描述和清晰的照片或视频反馈至深圳市城市管理和综合执法局。信息反馈尽量采用微信、QQ、电子邮件等信息化手段，做到及时真实。

（二）深圳市城市管理和综合执法局按照处置流程及时处理问题信息，并做好事后反馈和统计汇总工作。

七、工作纪律

（一）社会监督员不得利用受聘身份从事与履行职责无关的活动。

（二）社会监督员不得向媒体、任何组织和个人泄露、传播其在监督检查工作中获悉的商业秘密或者专有技术信息；不得未经深圳市城市管理和综合执法局许可擅自发布监督报告。

（三）社会监督的工作性质为志愿服务，社会监督员不领取薪酬。

（四）社会监督员应服从监督工作安排。

八、日常管理

深圳市城市管理和综合执法局应加强社会监督队伍的日常管理，不定期召开社会监督工作会议，组织相关工作培训，开展优秀社会监督员和优秀社会监督案例评选表彰。

九、附则

（一）本办法自发布之日起试行，试行期 2 年。

（二）本办法适用于深圳市市级生活垃圾分类社会监督员日常管理工作，各区建立区级生活垃圾分类社会监督员监督机制时可参照本办法。

（三）本办法由深圳市城市管理和综合执法局负责解释。

4. 实施最严格的生活垃圾行政处罚和激励措施

深圳市出台了全国最严格的生活垃圾行政处罚措施，个人违反生活垃圾分类投放规定最高处罚 200 元，单位违反生活垃圾分类投放规定最高处罚 50 万元。出动执法人员 13 万人次，累计罚款 150 万元。出台"以工代罚"措施，违规个人参加垃圾分类培训和住宅区定时定点垃圾分类督导等活动可以抵免罚款。出台生活垃圾分类工作激励措施，采取通报表扬为主、资金补助为辅的方式，评选出 333 个"生活垃圾分类绿色单位"、433 个"生活垃圾分类绿色小区"、1693个"生活垃圾分类好家庭"、703 个"生活垃圾分类积极个人"，累计发放激励资金4835 万元，引导全社会积极参与生活垃圾分类。

5. 多措并举引导市民践行绿色生活方式

深圳市加快构建绿色行动体系。广泛推广绿色简约适度、绿色低碳、文明健康的生活理念，形成崇尚和践行绿色生活的社会氛围。开展绿色机关、绿色学校、绿色酒店、绿色商场、绿色家庭等"无废城市细胞"创建行动，编制印发 5个标准和 5 个考评细则，为各类"无废城市细胞"创建提供明确的评价指标体系。

在全国率先上线投用生态文明碳币服务平台，注册用户分类投放生活垃圾、回收利用废塑料等绿色低碳行为，以及参与垃圾分类志愿督导活动和"无废城市"相关知识竞答均可获得碳币奖励，使用碳币兑换生活、体育、文化用品及运动场馆、手机话费等电子优惠券，正面引导、广泛激励公众积极参与"无废城市"建设，如图 6-4 所示。

6.4.2　取得的成效

"无废文化"创建行动已成为深圳市民参与"无废文化"建设的重要载体，逐步营造了全社会崇尚绿色发展理念、积极践行绿色生活方式的氛围，推动了"无废城市"建设全民行动体系的构建。

图 6-4 深圳市盐田区生态文明碳币服务平台

1. 撬动资源，以点带面

通过有限的资金杠杆，撬动社会智力和财力参与，结合企业、社会组织的能力建设，整合相关职能部门和组织的资源，面向公众开发参观设施，进一步提升企业和公众的积极性，带动影响公众超 1000 万人次。

2. 践行理念，绿色生活

结合"无废文化"建设，强制开展生活垃圾分类管理，深化"蒲公英"公众教育计划，建成投用 17 座垃圾分类科普教育馆，开展 1.1 万场垃圾分类活动宣讲，实现垃圾分类知识教育全覆盖。

3. 走访参观，"无废"科普

深圳市生态环境局持续开展百万市民看深圳——"无废城市"创建示范点巡礼系列活动、深圳市"无废城市"建设资源循环利用系列活动，以"走访参观＋科普课堂"的形式，向市民宣传"无废文化"，倡导绿色生活方式，累计服务活动市民及志愿者 1200 多人次。

4. 全民联动，点燃热情

累计线上线下超 1000 万人次参与，带动了 30 多家固废企业及社会组织参与创建，联合开展了 20 多场次具有创新性、示范性的公益活动，参与市民包括儿童、青年以及中老年人等，涵盖生活垃圾分类专家、文明实践志愿者以及关注环保事业的热心人士等，点燃了全民参与"无废城市"建设的热情。

6.5　威海市

2018年6月12日,习近平总书记亲临威海视察,提出"威海要向精致城市方向发展"的殷切期望,为威海城市发展指明了前进方向。威海市深入贯彻落实习近平总书记视察威海重要指示精神,把"威海要向精致城市方向发展"作为总目标、总方向、总遵循,制定了《威海市精致城市建设三年行动方案》并推进落实。威海市创新性地把"无废城市"建设作为实现精细管理的重要举措,作为建设的重要抓手,探索出了精致化的"无废生活"模式,推动"精致城市·幸福威海"建设,如图6-5和图6-6所示。

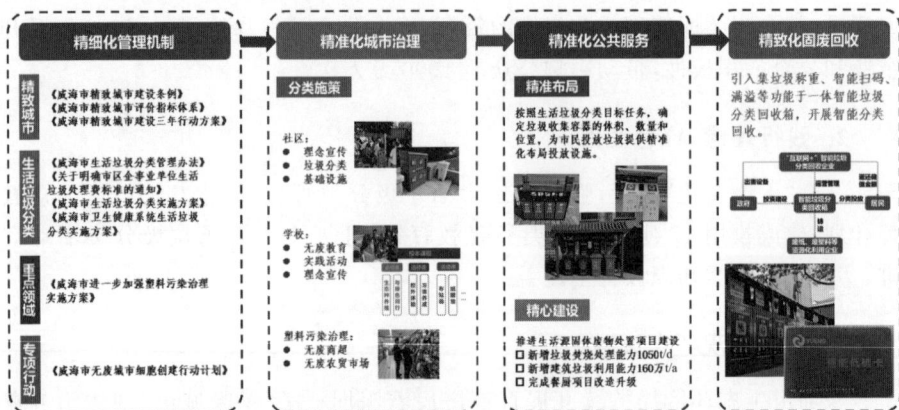

图 6-5　威海市精致城市建设的5大发展目标

图 6-6　精致城市建设背景下的"无废城市"模式示意图

6.5.1　创造"无废生活"实现"精致城市·幸福威海"模式

1. 为"无废细胞"创建提供行动指引

威海市制定《威海市无废城市细胞创建行动计划》,明确在机关、学校、社区、快递网点、商超、饭店、农贸市场开展"无废城市细胞"创建,基本涵盖主要的社会生活单元,并结合不同领域固废产排特征,聚焦各类固废处置利用方式,研究制定了各类"无废城市细胞"的评价指标。明确了创建目标和评价内容,基本建立了"无废城市细胞"创建长效评价机制。在机关、学校、社区等重点领域率先制定了分领域的"无废城市细胞"创建方案,包括《威海市"无废机关"创建行动方案》《威海市中小学"无废学校"试点校创建活动方案》《威海市"无废社区"创建行动方案》《关于开展"无废商超""无废农贸市场"创建工作的通知》《关于开展威海市"无废饭店"创建活动的通知》《威海市邮政管理局关于"无废快递"创建工作方案》等,为"无废城市细胞"创建提供行动指引,指导各领域开展"无废"创建,推动形成了花园社区、普陀路小学等创建典型。

2. 引导公众践行绿色生活,弘扬文明节俭社会风尚

威海市开展垃圾分类宣教活动,提升居民垃圾分类的积极性。制定了《关于做好城市生活垃圾集中宣传工作的通知》,组织开展生活垃圾分类专项培训活动,召开垃圾分类新闻发布会,制作垃圾分类宣传片,发放宣传手册和分类指南,利用主流媒体和自媒体开展形式多样的垃圾分类宣传活动,推动提升垃圾分类知晓率和参与率,开展志愿服务 2426 场,宣传场次 296 场,参加志愿服务人员 4.5 万人次,印发宣传手册 69 万册。大力倡导绿色生活方式,鼓励居民重提菜篮子、布袋子。广泛宣传"白色污染"的危害性,使广大群众牢固树立节约资源和保护环境意识,重点加大集贸市场限售限用塑料购物袋的宣传。鼓励 A级旅游景区不提供、销售一次性不可降解塑料袋、塑料餐具。探索开展禁止生产、销售、使用一次性不可降解塑料制品工作;探索在党政机关单位限制一次性用品的使用,如一次性纸杯等。开展"光盘行动",大力营造"文明用餐,拒绝浪费"饮食文化,树立勤俭节约消费意识,弘扬文明节俭社会风尚。

3. 分类施策"无废"措施助力精致城市建设

(1)威海市以社区为载体推动生活源固体废物减量

社区是生活源固体废物的主要源头,威海市从"无废"理念宣传、推行垃圾分类、倡导绿色生活等方面精准发力,引导社区居民自觉践行绿色生活理念,降低社区居民生活源固体废物产生量,推动社区"无废",为精致城市建设提供支撑。

📝 典型案例 8

鲸园街道花园社区"无废"活动

鲸园街道花园社区借助"无废城市"创建的契机,组织开展了一系列活动:打造"墙上农场"项目(图 6-7),解决了泡沫箱种菜、毁绿种菜等影响社区整体形

象的现象；设置公共的厨余堆肥桶，利用厨余垃圾堆肥，用于给"墙上农场"的蔬菜施肥，同时也向居民免费发放厨余发酵堆肥桶和发酵菌，引导居民利用厨余垃圾发酵制作肥料；建设酵素房，在社区推广环保酵素的制作和使用方法，将吃剩的干净果皮、菜叶等果蔬垃圾发酵成为环保酵素，社区居民也可以将家中的果蔬垃圾兑换酵素使用；配备了雨水收集器，通过水管将收集的雨水引入雨水收集器，用于浇灌"墙上农场"的蔬菜；引入了智能化垃圾分类装置，对生活垃圾中的可回收物和有害垃圾进行分类收集，系统会根据投入垃圾的类型和重量向居民返还储值金额，大大提升了居民进行垃圾分类的积极性。

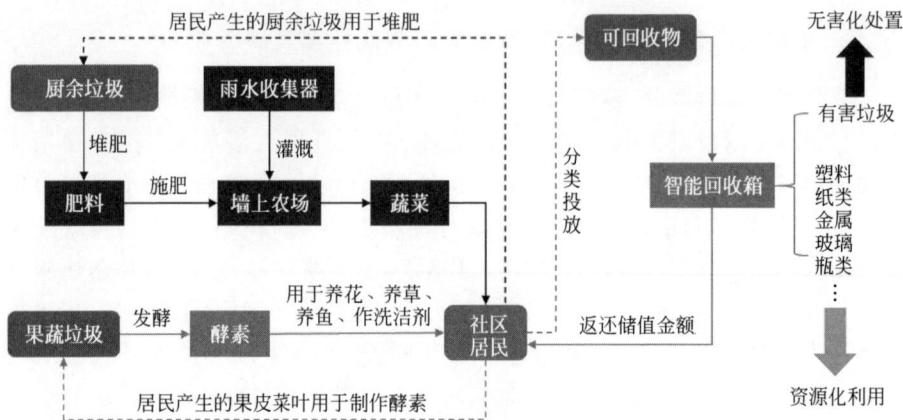

图 6-7 "墙上农场"示意图

（2）以学校为载体深入开展"无废"教育

将"无废"理念融入环境教育课堂、课内外实践活动和学校管理的各个环节；利用学校宣传栏、墙报等大力宣传"无废"理念，鼓励学校与社区联合开展活动，强化"小手拉大手"宣传成效；鼓励学校优先采购可重复使用的办公用品，引导学生"低碳"包书，不使用塑料书皮，组织开展旧物交换活动等；全面实施生活垃圾分类制度，要求各级各类学校认真落实威海市垃圾分类相关要求，引导师生做好垃圾分类，妥善处置校园装修垃圾及绿色废弃物。开展"无废学校"创建活动，强化师生"无废"意识，巩固"无废"教育成果。

典型经验 1

"无废校园"这所小学做得好

威海市普陀路小学自 2012 年建校以来，围绕"生态教育"办学特色确立了"生态立校 和谐发展"办学理念，以"绿色生活 健康成长"为校训，以生态课程体系为载体，以生态教师、生态环境为保障，遵循生态教育观，真正把生态教育特色植根于全校师生及家长心中,打造出全方位生态教育的"金字招牌"。

为进一步深化学校"生态教育"办学特色,结合当下垃圾污染等问题,学校在构建生态校园的基础上重点开展"垃圾分类减量 无废校园打造"项目研究,积极参与"美丽中国,我是行动者"活动,尽力用生态实践最大化激发身边人的参与动力,让"无废生活"成为每一个人的习惯、行动自觉。

1. 开设特色课,传授"无废"知识

学校根据中国学生发展核心素养目标要求,围绕生态教育育人目标,整合国家、地方、校本三级课程,建构多样共生、自主发展的特色课程体系(图6-8),开发校本教材《与绿色同行》《绿色伴我行》,将国家课程中的道德与法治、科学、综合实践,地方课程中的环境教育、海洋教育、安全教育与校本课程整合为学校特色必修课程《生态种养殖》《绿色学校》《生态家庭》《环保社会》,活动课程为校外体验和习惯养成,选修社团课程有纸雕塑、布贴画等40多个课程,以引领大家在实践体验中求知、治学,在深度学习中自主学习成长,尽享"无废"知识,让环保意识成为一种自觉习惯,整个校园充满浓郁的环保气息。

2. 设立艺术长廊,培育"无废"文化

学校每个楼层走廊都被师生变废为宝的作品所装饰:一楼塑料天地,塑料变身生动环保宣传画;二楼纸雕塑长廊,各种废纸变成主题纸浆画、主题纸雕塑;三楼布艺世界,废弃布料粘贴成环保故事;四楼木的世界,树枝、树皮变成森林木十主题场景及各种木制环保物件……校园内,各种垃圾变身作品全可以寻到,就连下水井盖也被师生妙手描绘的环保节日宣传画披上了"生态美"。校园生态文化成为无声的"无废"教育资源,"无废"生态文化已浸润所有到校者,和学校师生一起变废为宝,让所有看起来不起眼的"废物"重获新生绽放光芒。

3. 探索零废生活,打造"无废"校园

为培养大家保护环境、美化家园的意识,增强垃圾分类的自觉性,普及垃圾分类有新招,通过"发现问题,建立体系、从硬件向软件、推动生活方式转变"方法探索零废弃校园生活,扎实"无废校园"实践。

4. 不要垃圾,要宝藏——发现问题,建立体系

通过课程学习了解知识、发现问题、建立体系、全校师生唱响"无废校园"回收四部曲:①回收减量前奏曲,班级、办公室自主设计分类回收箱,从源头进行垃圾分类回收,每周五送回收亭回收;②临时垃圾减量变奏曲,明确校园小垃圾箱仅限于投放校园临时捡拾垃圾,投放时按照要求分类正确投放;③垃圾分类投放交响曲,学校将垃圾桶分为可回收垃圾、餐余垃圾、有害垃圾和其他垃圾四大类,每天安排专人负责检查师生投放并予以评价,结果与班级及教师期末考评直接挂钩;④周五回收圆舞曲,每周五回收小组对教师办公室、各班级回收进

行评价,纸张未用完而丢弃减生态币,回收整齐且无浪费奖生态币。

5. 将垃圾变成宝藏——从硬件向软件

在回收垃圾过程中,分拣垃圾、记录统计等全部由学生自主完成,并引导他们提出问题和想法,促进学生中产生"变革推动者",鼓励学生自主创新和行动。"当垃圾遇见创意"活动激发了师生思维,大家巧手制作的所有变废为宝作品都陈列于校园文化中,激发学生巧变积极性,同时还丰富了校园生态文化。

6. 培养零废弃新一代——推动生活方式改变

启动班级"废弃物自我管理中心",推出"物物换购"活动,用自己闲置物、废弃物兑换有用物,使资源实现最大限度使用。此举还推动家长和周边社区参与其中,扩大人群范围。目前,全校师生都改进和保持自己零废弃垃圾分拣系统,"无废班级"如雨后春笋般崛起,"无废校园"越来越实至名归!

7. 构建"生态评价",养成"无废"习惯

为巩固全校师生、家长"无废"意识及垃圾分类减量好习惯,使其内化为自觉行动,学校还建立并实施生态评价体系,以"生态银行""生态超市"为载体,用"生态币"储蓄、兑换奖品、实现梦想的方式,激励大家从点滴小事做起,日积月累养成"垃圾分类减量"生态环保好习惯。

如今,全校上下内外,无论师生还是家长都乐于参与学校的各种环保体验,学生更喜于环保好习惯兑换、实现梦想活动;争相参与"生态教师""生态好少年""生态班级""生态家庭"评选;一个个环保故事被报纸杂志刊登,一个个生态微电影被媒体关注。美丽绿色梦被开启,正羽翼渐丰展翅翱翔!

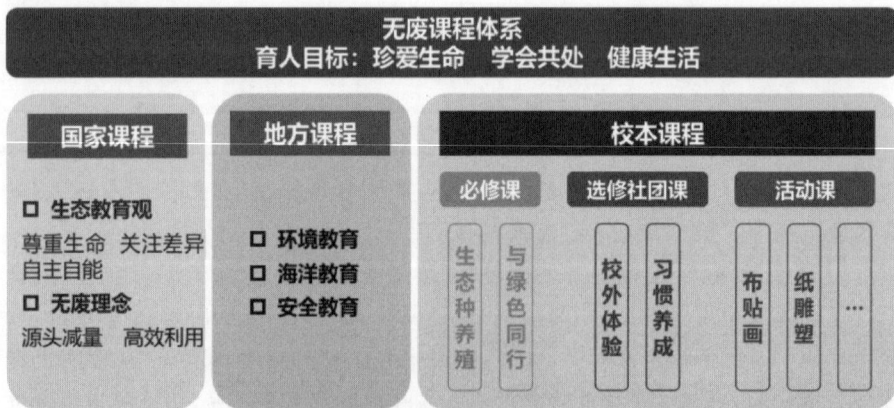

图 6-8 "无废"课程体系

（3）以商超和农贸市场为载体,推进塑料污染治理

按照《威海市进一步加强塑料污染治理实施方案》对商场、超市、农贸市场、

饭店等场所的一次性塑料餐具、不可降解塑料袋等重点品类一次性塑料制品提出了阶段性禁限目标。开展"无废商超""无废农贸市场"创建活动,并将"禁止使用不可降解塑料袋、一次性塑料吸管、塑料餐具""禁止使用超薄塑料购物袋、不主动提供不可降解塑料袋"等内容,作为"无废商超""无废农贸市场"创建的重要评价指标。

4. 智能垃圾分类回收体系为居民建立绿色账户

威海市按照生活垃圾分类实施方案确定的目标任务,确定了垃圾收集容器的体积、数量和位置,对不同类别的垃圾按照分类原则配备投放设施。探索智能化垃圾分类,安装智能回收箱。政府投资在社区、学校、机关等场所布局了一批集垃圾称重、智能扫码、满溢等功能于一体的智能垃圾分类回收箱,建立了数字化云平台,为每户居民建立绿色账户,对分类投放垃圾的用户给予积分奖励,奖励的积分可以直接提取现金或者通过网上商城购物、社区商店购物、礼品兑换机兑换礼品等方式进行消费。在景区,利用宣传优势,配备了智能化垃圾分类箱,游客可以通过电子屏幕进行互动学习,如图 6-9 所示。

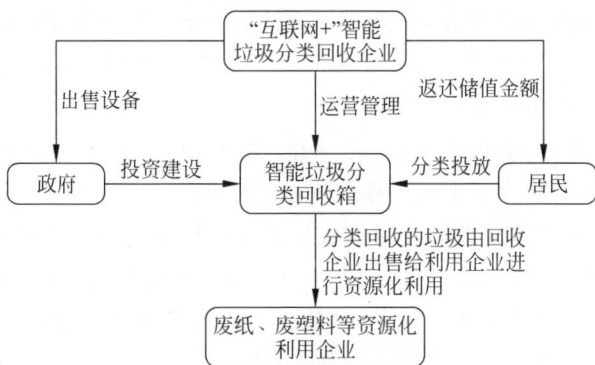

图 6-9 威海市智能垃圾分类回收箱建设运营体系图

5. 农村垃圾分类信用体系促文明素质大幅提升

威海市 48 个乡镇、1056 个村(其中荣成 883 个,实现全覆盖)全面开展农村生活垃圾分类试点,涉及居民 27.7 万户。荣成因地制宜确定了农村垃圾分类模式,开展村民垃圾分类效果纳入征信考评,与村居两委干部工资和村民福利挂钩,发挥了很好的促进作用,实施垃圾分类以来,村民的文明素质大幅提升,城市形象显著提升。荣成市及 6 个镇、60 个村入选全省乡村振兴"十百千"示范县镇村。荣成市入选全国新时代文明实践中心建设试点县、国家首批创新型县市、全国守信激励创新试点市;被联合国评为最适合人类居住的地方;先后获得全国文明城市、国家生态文明建设示范市县、生态魅力城市、优秀旅游城市、生态园林城市、人居范例城市、环保模范城市等。

典型经验 2

基于信用体系建设的农村生活垃圾分类模式

1. 坚持因地制宜确定分类模式

结合沿海城市垃圾属性特点和威海市垃圾焚烧存在的热值低的问题,将垃圾中的海鲜贝壳及渣土等不可燃烧垃圾和可燃垃圾分开收集,提高垃圾焚烧热值。将大件垃圾单独分类回收。形成了荣成农村垃圾分类"4+1"模式,有害垃圾单独放、可回收垃圾分类回收,其他垃圾按可燃和不可燃进行分类,便于公众"易懂、易记,易接受、易操作"。

2. 完善收运体系,方便居民进行垃圾分类

政府合理配备分类基础设施。按照"方便卫生兼顾环境美化"的原则,按10户一个的标准配备分类桶,每村至少配建一个垃圾分类房,实施"退桶进房"管理,垃圾分类房都配备了除臭、通风、灭蝇、给排水、冲洗等设施设备,强化日常清洗维护。每个垃圾房既是投放点也是宣传点。距离垃圾分类房近的住户由"村民自送",距离远的住户由村居专职收运员"上门收集",确保垃圾分类落实到位。

3. 聚焦三类群体,培养行为自觉

坚持政府主导、全民参与,实施宣传、走访、宣讲、培训、激励、约束多措并举,使正确分类及投放逐步成为村民的自觉行为。

聚焦镇村干部抓点上突破。将农村生活垃圾分类纳入农村干部冬训和夏训范畴,开展支部书记、村委主任"千人培训",组织村"两委"成员和村民代表共8.3万人次进行宣讲,打造垃圾分类"第一梯队",带动广大村民积极支持、主动参与。

聚焦志愿服务抓扩面提升。荣成市志愿者联合会利用新时代文明实践这个大平台,发动各级志愿者团队,开展垃圾分类知识宣讲"进村居、进社区、进大集"活动。各镇街都成立新时代文明实践中心,建立了以党建为引领、以志愿服务为基本形式、有奖有惩的"征信+垃圾分类"志愿服务管理体系,带动各村居以开展垃圾分类工作为切入点,以点带面推动人居环境、村风民风、社会治理、人文关怀等方面发生翻天覆地的变化。村居层面,各村居配备1~4名垃圾分类指导员,每个村居都成立垃圾分类志愿服务队,大力开展垃圾分类志愿活动,营造全民知晓、全民参与的浓厚氛围。

聚焦全民全员,抓全域覆盖。坚持电视、广播、网络、微信等平台同步发力,开设专题、专栏,从垃圾分类的重要意义、方式方法、典型经验、带来的好处等方面入手,开展垃圾分类宣传,营造"以参与分类为荣、以准确分类为荣"的浓厚氛围,同时深入一线,深度报道正面典型以及群众身边的鲜活事例,让垃圾分类家喻户晓、人人皆知。

4. 借力征信体系,建立长效机制

为推动建立垃圾分类长效机制,威海荣成市创新性地将垃圾分类与全域化的社会信用体系相衔接,将生活垃圾分类纳入信用考核内容,通过信用评价实现了社会治理的高效能,建立了垃圾分类长效机制。

抓征信奖惩。立足荣成征信建设特色优势,将农村垃圾分类纳入市级征信管理体系,对垃圾分类比较好的进行信用奖分,对不听劝导或随意倾倒垃圾的给予信用扣分,评分结果直接与信用基金、福利待遇、评先选优等挂钩,让垃圾分类不仅是村民面子上的光荣,更是福利上的实惠。各镇街按照每村 3 万～10 万元的标准,全市共设立农村垃圾分类征信基金 3500 万元,每季度开展总结表彰活动,鼓励村民在前端自觉把垃圾分好类、投放好。

建立"月度＋季度＋半年＋全年"考核机制。每月按镇街管辖村居 30% 的比例进行抽查暗访和集中考核各一次;每季度联合农办和财政部门,按镇街管辖村居 15% 的比例进行"双随机"抽查;每半年对所有村居垃圾分类开展情况"逐村验收";每年底汇总镇街考核情况纳入市级目标责任制及信用考核。所有的检查与考核均采取"步行检查法",一户一户地捋、一条街一条街地看、一个村一个村地过,有效避免了检查人员走马观花、蜻蜓点水、不接地气等问题。

6.5.2　取得的成效

威海市通过"无废城市"创建试点,公众选择绿色生活方式的意识大幅提升。根据问卷调查结果,全市人口约 91.87% 在日常生活中会选择绿色出行方式,87.85% 会主动劝说周边人减少固体废物产生、保护环境,92.25% 会重复使用塑料包装袋或使用其他材质包装代替塑料包装,95.79% 会减少一次性用品,如筷子、餐盒等的使用。参与调查的 177 户农民在近 1～2 年,90% 以上的家庭化肥、农药、地膜使用量有所下降。初步形成了全民共建"无废城市"的社会氛围,绿色生产生活方式基本形成。

6.6　许昌市

许昌,古称许州,地处中原腹地,是华夏文化的重要发祥地,文化、政治、经济一直较为发达,人文底蕴丰厚。近年来,许昌市全面秉持"绿水青山就是金山银山"的高质量发展理念,致力于生态修复和保护,市区绿化覆盖率达40%,将许昌建设成了一座生态宜居之城,先后获批了全国文明城市、国家卫生城市、国家森林城市、国家生态园林城市等,为许昌"无废文化"打造和传承提供了有力支撑。在"无废城市"试点期间取得了一些可复制、可推广的经验。

6.6.1 多元融合的"无废文化"传承模式

1. 挖掘传统文化"无废"因子,深植"无废城市"建设

许昌的传统文化蕴含着诸多"无废"因子、"无废"元素,在"无废城市"建设试点过程中,既注重积极挖掘传统历史文化的"无废"因子,又注重将其融入"无废城市"文化加以传承。

(1)充分挖掘"莲文化"内涵

许昌又称"莲城",种莲历史可追溯至东汉。许昌市从"莲精神"中提取"无废"因子,积极将"莲精神"融入许昌"无废城市"建设过程。在我国传统文化中,莲文化的丰富内涵与当前的"无废"理念高度统一,具有很高的文化挖潜价值。古药典《本草纲目》记载:"荷也称莲,全身无废也。莲既可食用,也可药用,长年食用可以延年益寿也。"可见,莲"全身都是宝",能够全部被有效利用,不产生固体废物,天生就具备"无废"的宝贵品质。因此,许昌自古就有"无废"因子,并且传承至今。

(2)挖掘三国文化"无废"元素

协同许昌市三国文化研究会等学术研究机构开展文史研究,不断挖掘许昌三国历史文化中的"无废"因子。公元196年,曹操迎汉献帝于许县,"奉天子以令不臣,修耕织以需军资",雄踞许昌25年。《魏书》对曹操之节俭做了记载,"雅性节俭,不好华丽,后宫衣不锦绣,侍御履不二采,帏帐屏风,坏则补纳,茵蓐取温,无有缘饰。攻城拔邑,得靡丽之物,则悉以赐有功,勋劳宜赏,不吝千金,无功望施,分毫不与。四方献御,与群下共之"。在曹操的表率作用下,全朝形成了节俭之风。朝中大臣毛玠,上朝时步行,外巡时乘柴车,回家后布衣素食。这是最早有史记载的许昌"无废"生活方式。同时,在考古发掘中,系统收集了两宋时期陶灶、排水暗渠、地下陶排水管、陶厕等文史资料,析出其中的"无废"元素,丰富了许昌"无废城市"文化内涵。

(3)将传统"无废"元素植入"无废"主题活动

借助许昌"曹魏古都"厚重文化氛围,将传统"无废"元素植入"三国文化旅游周""禹州钧瓷文化节"和"中原花木交易会博览会"等现代节庆活动,借助"文化和自然遗产日""文明许昌,欢乐中原""世界环境日"等各类主题活动,宣传介绍许昌"无废城市"建设情况,传播"无废"理念,提升公众对"无废城市"建设试点的认知度和认同感。

2. 重塑"无废"基因,打造"无废"宣传教育阵地

（1）推进"无废细胞"建设

把"无废细胞"建设作为传播"无废"理念、提升公众生态文明意识、引导简约生产生活方式的有力抓手,组织全社会开展"无废酒店""无废景区""无废商场（超市）""无废学校""无废机关""无废企业""无废小区""无废快递网点"等各类"无废细胞"建设,形成了百个"无废细胞"矩阵,有力促进了社会的广泛参与。机关、事业单位推行节能降耗制度。星级饭店开展白色污染治理,减少酒店一次性消耗品的供应。A级景区开展垃圾分类,优化环境。社会中型以上餐馆和机关、企事业单位食堂倡导"光盘行动"。商场、超市、集贸市场等商品零售等场所,以不销售、不使用一次性不可降解塑料制品为重点,逐步改变人们日常生活购物习惯。

（2）建设"无废城市"教育基地

以"永续"为理念,以"无废"为亮点,建设了许昌市第一座特色主题公园——许昌"无废公园",巧妙地将废弃啤酒瓶、建筑垃圾、木材、石板等融入景观和公园建设,有趣生动、寓教于乐,进一步拓展了市民废物再利用的思想,让市民在游玩中体会生态环境发展理念,接受"无废"科普教育。在许昌科技馆、规划馆设立"无废城市"主题展区,组织政府单位、学校、企业等参观学习,展示许昌"无废城市"建设试点的重要意义、指导思想、建设目标、重点任务等,传播"无废"理念,引导教育广大群众了解、支持、参与试点建设（图6-10）。

图6-10 许昌市"无废城市"主题展区

典型经验3

许昌首个"无废"主题公园建成

许昌是中原城市群首个入选全国"无废城市"建设的试点城市。许昌市魏都区率先规划建设"无废"主题公园,以"永续"为设计理念,废旧物品实现资源化综合利用,旨在在全社会开展"无废城市"宣传教育,提高社会公众的参与度,助力"无废城市"建设,契合"创新、协调、绿色、开放、共享"的发展理念。

该公园占地面积约为18亩。在公园的入口处墙壁上,"无废公园"四个绿色的大字分外醒目。这座公园整体布局为环形,公园在规划和建设中融入了"无废"理念,利用了许多废弃物,巧妙地将废弃啤酒瓶、建筑垃圾、废轮胎、木材、石板等废弃物,经过精心设计,排列组合,变为造型别致的景观装饰元素,有趣生动,寓教于乐。四周的墙壁分别采用旧啤酒瓶为材料修筑,工人们要开好每一个孔,然后把玻璃瓶套在里面,最后用砂浆进行填充。此外,还利用很多废弃的陶瓷罐、轮胎、油桶等,组成了别致的景观。围墙组成环形建筑。墙壁除了用啤酒瓶建造,还有一些隔断,是用钢管和铁网做成笼子,笼子里装满了废旧木头,整整齐齐排列,公园里还用废旧轮胎做攀岩、秋千和一些草丛的隔断。通过创新设计,不同废旧材质混合一起发挥新的功能,使人耳目一新,感受到循环利用的魅力。

节假日,游人在休闲娱乐中接受绿色发展和废物利用的熏陶与教育。园内还建有一座梯形建筑,里面设"无废"展厅、图书室、"无废"教育课堂,开展科普活动。该公园打造成"无废城市"科普教育基地,成为"无废城市"建设的亮点,同时也进一步改善了周边生态环境,提升了公众的幸福感,助推宜居许昌建设。

3. 浸润"无废"理念,丰富主题宣传形式

在"无废城市"宣传中,许昌市创作视听作品,让"无废"理念外化于形。策划拍摄了《"无废城市"离我们有多远》《无废如许1》《无废如许2》系列公益广告片,以正能量传递为主线,涵盖"无废城市"建设的各个领域。创作宣传歌曲《变废为宝》,为许昌市"无废城市"建设发声。举办"无废城市"宣传直播活动,通过线上直播+线下活动的形式,集中展示全市"无废城市"建设试点和高质量发展的创新举措和积极成效,直播活动在线观看量达10.3万人次。

(1)动员社会力量全方位宣传

在市政府以及各职能部门官方网站、《许昌日报》、许昌网及微信公众号、微博定期进行"无废城市"建设宣传。在景区、商超、酒店等场所,通过电子显示屏

滚动播放"无废城市"宣传标语。在学校通过电子屏、班级黑板报、微信群、橱窗、广播站等渠道进行"无废"理念宣传,普及"无废"知识。在社区和街道,组织志愿者就日常资源节约利用、垃圾分类投放、塑料制品使用等方面进行详细讲解,使社区居民积极参与到"无废城市"建设活动中去。编制青少年版和公众版"无废城市"主题教材,在校园和社会全面推广,传播"无废文化"。

典型经验 4

"无废城市"宣传歌曲《变废为宝》,为"无废城市"发声

由许昌市精心打造的"无废城市"宣传歌曲《变废为宝》在 QQ 音乐、酷狗音乐、酷我音乐平台上线。作品由许昌市词作家许会锋作词、山西音乐人张伟作曲和编曲、河南省演艺集团青年歌手焦昱程(焦阳)演唱。歌曲倡导变废为宝,环境越来越好,让生活越来越好,心情越来越好,让世界更美好。

变废为宝

变废为宝环境越来越好

变废为宝让生活越来越好

变废为宝心情越来越好

变废为宝让世界更美好

别说价值不太高

别讲没用全都抛

一种习惯要记牢

从我做起行动早

别找理由忘记掉

一种文明多新潮

安我家园最重要

……

(2) 开展主题活动,形成"无废"新风尚

举办"城市创智中心开放日""资源循环企业参观""企业开放日"等活动,吸引中小学生、普通公众亲身体验变废为宝全过程,深入理解"无废"文化。组织"垃圾分类主题教育活动""光盘行动""无纸化办公活动""变废为宝实践活动""绿色包装回收活动"等活动,推动生产、生活方式绿色化,引导形成"无废"新风尚。宣传"无废城市"建设试点的最新动态和成果成效,展示建设试点中的可喜变化和感人点滴,生动展现全社会对"无废城市"建设的美好期待和信心干劲。

4. 传承"无废文化",推进多元共治

许昌市通过构建政企合作、企企合作、政社合作、工农合作多种模式,弘扬和传承"无废文化",引导激励社会各界积极参与"无废城市"建设,构建利益联结机制,激发生态环境保护的内生动力,促进了固体废物污染治理,提升了城市生态环境质量,实现了经济和生态环境保护双赢,城市面貌不断焕发新生机。在城市垃圾管理方面,采取"政府购买服务、市场化运作"和"政府主导,办事处、社区、物业负责监管实施"两种运行模式,在全市推进生活垃圾分类,祥瑞等社区坚持开展"绿色星期六 资源回收日"活动,践行绿色生活。

6.6.2 取得的成效

许昌市在"无废城市"试点建设中,倡导并传承"无废文化",凝聚了参与"无废城市"建设的社会力量,形成了人人支持、参与建设的浓厚氛围。根据国家统计局许昌调查队开展的"无废城市"建设公众问卷调查结果,许昌市"无废城市"建设试点宣传教育培训普及率达 94.3%,政府、企事业单位、公众对"无废城市"建设的知晓程度达 95.88%,公众对"无废城市"建设成效的满意度达 91.05%。

6.7 瑞金市

瑞金市是著名的红色故都、共和国摇篮、中央红军长征出发地,市内有革命遗址 115 处、全国重点文物保护单位 36 处。瑞金中央革命根据地纪念馆是全国首批"国家一级博物馆",是由叶坪、红井、二苏大、中华苏维埃纪念园组成的 AAAAA 级共和国摇篮景区,被评为全省最具影响力十大景区和低碳旅游示范景区。瑞金市是全国爱国主义和革命传统教育基地,是中国红色旅游城市,因厚重的红色底蕴而被社会所熟知。

瑞金市作为唯一县级市入选全国"无废城市"建设试点。为做好试点工作,瑞金市秉持绿色生态发展和"无废城市"建设理念,积极创新废弃矿山治理新模式,积极探索从红色旅游、绿色生活等方面扎实推进试点建设,充分发挥红色旅游优势,以助力"无废城市"建设新长征从瑞金再出发为理念,将"无废城市"建设理念融入红色旅游全过程,着力打造"红色旅游+无废城市"融合发展的"瑞金样板",提升游客、公众对"无废城市"建设的知晓度、参与度,推动"无废城市"建设从瑞金开始追根溯源,全方位打造"无废城市"建设理念宣传高地,取得了突出的成效。

6.7.1 发挥红色旅游优势,打造"无废"理念宣传高地模式

1. "无废"化改造开创"红色旅游+废弃矿山修复"新路径

瑞金市充分利用矿山废弃地或已有场地,节省占地,盘活土地资源,在矿山修复的同时打造红色旅游项目,节约治理成本,节省投资,实现价值二次提升,践行了绿水青山就是金山银山的理念。同时也充分吸纳周边农民剩余劳动力,解决再就业问题,增加农民收入,实现了经济效益和环境效益的双赢。

通过招商引资,引入社会资本2.8亿元。建设了全省首个大型红色实景演艺项目——浴血瑞金景区,该项目通过依托沙洲坝镇两座废弃石灰石矿坑,采取山体修复、边坡加固、生态复绿、废石再利用等系列措施进行无废化改造,搭建的实景演艺3D舞台重现了苏区时期党中央艰苦卓绝的战斗工作与生活场景,既实现了废弃矿山全部资源化利用,又将苏区精神植根到"无废城市"建设中,开创了"无废红色旅游+矿山修复"新路径,带动了周边300名农民就业增收。2020年6月,该景区被评为国家AAAA级旅游景区。

📝 典型案例 9

"无废"理念融入云石山重走长征路体验园项目建设

瑞金市发挥共和国摇篮及苏区精神主要发源地的特殊优势,围绕打造"无废城市"宣传高地,将"无废城市"理念融入云石山重走长征路体验园项目建设。

该项目总投资8816.6万元,建设国家文化公园、长征纪念碑,开展重走长征路等活动,弘扬长征精神,打响文化品牌。项目在设计和建设中始终坚持"无废"理念、"无废"元素。

一、该项目以现有自然景观、村落作为天然景区,再现当年红军长征的恢宏场面,不加围墙,不做大型建设;

二、4个旅游厕所均采用装配式建筑,在源头减少建筑垃圾;

三、游步道利用建筑余料为路基建造行军步道;

四、利用自然山体喷涂环保仿石漆打造雪山景观等。

项目建成以后,该地成为游客了解中央红军长征出发历史、缅怀革命烈士、弘扬红军长征精神、集观光游览与接受革命传统教育于一体的大型综合性景区。云石山重走长征路体验园开展的重走长征路活动,再现当年红军长征的恢宏场面,游客置身其中,犹如身临长征实境,可以真实地体验长征的艰难曲折,学习先辈们坚定信念、奋斗不息、灵活机智、顽强拼搏,不畏艰险、艰苦奋斗,勇

往直前、无坚不摧,严守纪律、爱国为民的精神。让人在追溯"无废"理念的根和源过程中感悟苏区精神和长征精神。

2. 提升改造部分红色景区,探索建设"无废景区"

瑞金市以将红色景区打造为"无废"理念宣传高地为目标,以红色旅游引领绿色生活,使各红色景区形成绿色低碳、文明健康的旅游模式。制定《瑞金中央革命根据地纪念馆创建"无废城市"实施方案(瑞馆字〔2019〕53 号)》;对红井景区、叶坪景区、二苏大景区等红色景区进行全方位软硬件升级;对中央革命根据地历史博物馆的陈列馆展区进行改展升级,再现苏区时期克勤克俭、厉行节约的精神,追溯"无废"理念的根和源。积极探索红色天街、沙洲坝示范镇等新建项目融入"无废"元素,打造瑞金"无废小镇"。各景区根据实际情况,完善分类垃圾桶设置,对景区内的垃圾进行分类、废弃物回收再利用;通过将"无废"元素渗入景区显示屏、发放宣传单、讲解员的解说词以及培养红色小导游等多种方式提升游客对"无废城市"建设的知晓率,向游客发放《"无废城市"建设宣传手册》《瑞金市"无废城市"建设旅游指南》;引导各景区内商家、店铺不免费提供一次性用品,推广使用可循环利用物品和旅游产品绿色包装,同时在旧址维修建设中和消防安防设施建设推广使用绿色材料、再生产品,着力将"无废景区"打造成传播"无废"理念的宣传高地(图 6-11)。通过广泛宣传,扩大影响,逐步形成红色景区绿色低碳的文明健康旅游模式,营造了以红色旅游引领绿色生活,商家游客共创"无废城市"的良好氛围。

3. 探索开展"无废细胞"工程创新

瑞金市充分考虑自身条件,探索开展"无废细胞"工程创新,以游客接待量最大的瑞金宾馆、瑞金荣誉国际酒店、瑞金海亚国际酒店作为"无废宾馆"试点。在酒店大堂内外 LED 屏幕播放"无废城市"宣传标语,酒店大堂及房间醒目位置放置"无废城市"宣传手册和垃圾分类收集桶,酒店房间内提供可循环使用的洗漱用品、拖鞋等物品,提倡旅客减少一次性用品的使用,助推全社会践行绿色生活方式。截至 2020 年年底,瑞金市 6 家宾馆成功创建"无废宾馆",通过限制使用一次性用品,推广使用可循环利用物品,洗衣袋改可重复利用的布袋等措施,废物产生量减少 30%;开展"无废城市"进校园活动,向全市学生发放了十万份宣传单,全方位宣传垃圾分类和"无废城市"建设知识。全市创建了一批"无废城市"建设示范学校,确定在思源学校、金穗学校、瑞金四中、直属机关幼儿园四所"无废城市"建设示范学校开展特色教育,利用主题班队会、国旗下讲话、黑板报、手抄报等独特形式对师生进行了垃圾分类和"无废城市"建设教育宣传。

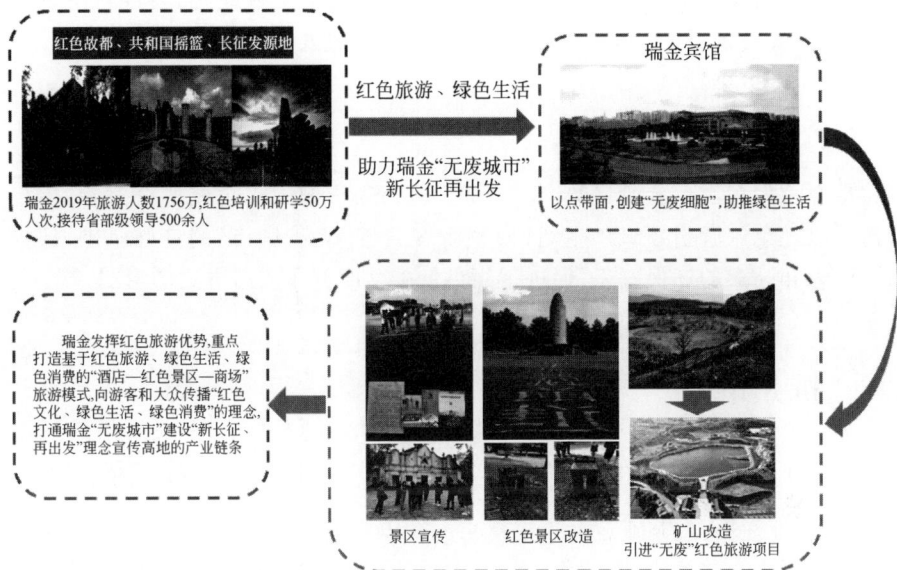

图 6-11 瑞金市发挥红色旅游优势全方位打造"无废城市"理念宣传高地

典型经验 5

瑞金宾馆创建"无废宾馆",发挥典型示范作用

瑞金宾馆建于 1958 年,素有江西的"钓鱼台国宾馆"之称,有客房 170 间,床位 260 张,成功接待了历任党和国家领导人及众多国内外知名人士,是瑞金市最主要的接待场所。

瑞金宾馆在全市宾馆中率先开展垃圾分类试点,聘请瑞金市垃圾分类管理中心技术人员,对员工开展垃圾分类知识培训。宾馆在工作例会中,积极融入垃圾分类知识宣传。

为营造生活垃圾分类宣传氛围,宾馆陆续制作宣传展板 30 余块,配置垃圾分类和减量工作宣传册 300 余本,在客房设置垃圾分类温馨提示 293 块,并利用 LED 屏等媒介播放垃圾分类歌曲和宣传片。

为确保员工和宾客践行垃圾源头分类,宾馆大力推进分类设施配置,共设置一个垃圾分类收集亭,配置了 240L 分类垃圾桶 25 个,不锈钢两分类桶 3 组,大厅和走廊共配置两分类桶 40 组,客房共配置分类桶 40 组,客房共配置分类桶 293 组。

宾馆客房的分类垃圾由各楼层保洁员分类收集并投放到宾馆的垃圾分类收集亭内。收集亭配置了一名垃圾分类督导员,每天确保一个小时上岗时间,对垃圾分类收集亭周边卫生做好保洁,并清洗垃圾分类收集桶,关注垃圾收运情况,关注各楼层分类情况,以便在工作例会上通报及推进各楼层分类工作。

6.7.2 取得的成效

瑞金市发挥红色旅游优势,将"无废"理念逐步融入红色旅游全过程,不仅营造了以红色旅游引领绿色生活,商家游客共创"无废城市"的良好氛围,还提高了游客和公众的环保意识,促进了绿色低碳文明健康旅游方式的形成。

6.8 杭州市

6.8.1 做精杭州"无废"赛事,讲好杭州"无废亚运"故事模式

"无废亚运"由杭州亚运会首次提出。在没有成熟经验借鉴的情况下,杭州市围绕固体废物减量化、资源化、无害化,加强谋划设计,精心组织实施,动员全社会积极参与,面向全世界广泛宣传"无废"理念,确保"无废亚运"有序推进、有效落实。

1. 加强整体谋划和系统设计,推动"无废亚运"创建走深走实

印发两轮《"无废亚运"行动方案》,围绕场馆建设、赛事保障、危废监管、公众参与等重点领域,制定赛前、赛中、赛后阶段"无废"措施,做到各项工作有章可循。发布《"无废亚运"实施指南(试行)》,设置生活垃圾回收利用率、电子门票使用率等指标,实现创建成效的量化可评。指导亚运场馆、接待饭店等单元开展"无废亚运细胞"创建,分类设置建设标准、举办专题培训,建成"无废亚运"场馆 39 个、饭店 83 家,基本实现全覆盖。建设数智平台。开发"无废亚运"应用场景,综合集成各类固体废物数据,通过大数据分析强化全链条监管,实现"无废亚运"创建情况一屏总览、危废安全一屏管控。

典型经验 6

"无废亚运"实施指南
(赛时阶段"无废"实施部分)

一、总体目标

将新发展理念融入亚运会全生命周期,各类固体废物能减尽减,各类办会物资可用尽用,无害化处置率达 100%。

从赛前、赛中、赛后全过程,从建设、餐饮、办公、住宿等各领域健全"无废亚

运"工作体系、指标体系,努力实现赛期人均固体废物产生量较同类型赛会明显下降。

二、原则

应引领亚运会在"绿色、智能、节俭、文明"的办赛理念中融合"无废"管理思路,充分发挥减污降碳协同增效,大力提升固体废物减量化、资源化、无害化水平。

应对亚运会赛前、赛中、赛后基础设施和运行管理的"无废"水平以及亚运会赛期各类固体废物减量化、资源化、无害化和体系化程度进行综合评估。

三、赛时阶段"无废"实施指南

1. "无废"餐饮

(1) 提倡净菜进村入店,亚运村(分村)净菜采购率不低于90%,接待饭店净菜采购率不低于70%。

(2) 食材准备阶段,宜采购绿色、有机、无公害农产品,优先选择绿色包装产品,通过研究需求波动进行采购,将库存食材量降到最低。

(3) 烹饪阶段,通过合理预估每日消耗的食物量进行科学供应,并优化食材类型、食物数量、烹饪方式。

(4) 就餐阶段,提倡系列拼盘菜单、小份餐等,按需取餐、按需订餐。

(5) 倡导自助式点餐,使用电子点菜设备,减少纸质菜单。

(6) 可循环使用或可降解餐具的使用率实现100%。

(7) 提倡"光盘行动""无瓶行动",避免餐饮浪费,在符合安保要求的前提下提倡自带水杯。

2. "无废"办公

(1) 推行无纸化办公,使用办公自动化系统,推行线上会议,利用电子邮件取代打印和影印。

(2) 推广电子注册、电子登记、电子手册、电子门票,门票使用率不低于80%。

(3) 设立办公设备共享区,实现打印机、饮水机、复印机、投影仪等设备共享。

(4) 办公室、会议室禁止使用一次性纸杯,减少一次签字笔使用。

3. "无废"住宿

(1) 接待饭店不主动提供"六小件"产品,倡导入住者带必备的洗漱用品,可通过设置自助购买机、提供续充型洗洁剂等方式提供相关服务。

(2) 亚运村(分村)内提供可循环使用的大瓶包装洗漱包,提供可循环利用或可降解的替代用品。

4."无废"观赛

(1)向观众、工作人员、运动员分发纸质垃圾袋,鼓励生活垃圾随身带走,不遗弃在场馆内。

(2)提倡低碳出行,把步行、自行车、公交车、地铁出行方式作为亚运会赛期交通的主体。

5. 无害处置

(1)各类固体废物应分类收集,分开存放,严禁露天。

(2)应按可回收物、有害垃圾、易腐垃圾、其他垃圾类对生活垃圾进行合理回收和无害处理,处理时限不应超24h。

(3)易腐垃圾统一运至易腐垃圾低温暂存室,在易腐垃圾产生后 24h 内将其交给已取得易腐垃圾收运、处置特许经营许可的单位。

(4)可降解垃圾应作为可回收物进行物理回收再利用。

(5)建筑垃圾应有明确合法的处置渠道,并由相应的单位运至终端处置,进行合规的资源化利用及无害化处置。

(6)暂时贮存间内的医疗废物,常温下暂时贮存时间不得超过 48 小时,应委托有危险废物经营许可证且具备处置能力的单位无害化处置,尽量做到日产日清。

6."无废"共建

(1)通过电子指引、志愿者引导、场馆大屏海报宣传等形式,引导观众、工作人员、运动员践行"无废亚运"公众十条。

(2)鼓励"无废亚运饭店""无废亚运场馆"等"无废亚运细胞"建设,实现累计建成率达 60% 以上。

"无废亚运"公众十条

1. 用餐饮食

少点一盘菜、不剩一粒米

2. 饭店住宿

自带洗漱包、垃圾源头少

3. 服饰着装

服饰讲环保、旧衣废变宝

4. 消费购物

购物用布袋、消费可持续

5. 交通出行

少开一天车、出行多公交

6. 工作办公

办公无纸化、空调高一度

7. 校园教育

无废小使者、家校共培育

8. 快递物流

包装可降解、旧盒循环寄

9. 垃圾分类

资源再利用、全民齐分类

10. 运动健身

水壶随身带、健身零废弃

2. 亚运生活简约低碳

在亚运村和接待饭店推行净菜入村,通过集中采购原料、精准测算人数、按需加工食物,杜绝舌尖上的浪费;推出"云上亚运村"低碳账户,鼓励村民通过光盘行动、垃圾分类、无塑购物等"无废行为"获取积分、兑换奖品,亚运期间参与人次超过 64 万。针对亚运村发放矿泉水超 5 万瓶/日的实际,开展"空瓶回收"行动,再生利用后制作成塑料长椅重回亚运村,成为村民休憩打卡的好去处。边角废料创新利用。对低价值废弃物积极开展再生设计,促进物尽其用、变废为宝。从"江南忆"等吉祥物入手,将边角料制作成多彩吉祥物,每只都有不一样的拼接色彩,都是独一无二的吉祥物,深受小朋友和外国友人喜欢。做好亚运村低值废弃物的回收利用,累计回收纸质餐盒和牛奶盒 57t、其他低值废弃物 92t,可制成原生纸 89.34t,一部分做成独具杭州韵味的折扇,作为村民参与"无废亚运"纪念品;剩余部分将做成再生纸笔记本,作为"无废学校"创建奖品(图 6-12)。

图 6-12　用废弃牛奶盒制作亚运会纸袋

3. 强化全民行动,积极扩大参与面

坚持"无废"理念先行,大力培育"无废"文化,引导社会各界积极参与"无废亚运"创建。以活动营造氛围,亚运会倒计时一周年举办"无废亚运"推进活动;倒计时 100 天推出"无废亚运"系列报道;倒计时 60 天举办"无废亚运"主题活动,邀请知名专家学者参加,通过主旨演讲、专题报告和对话互动,提升"无废亚运"知名度。抓宣传引领,召开"无废亚运"媒体吹风会,人民日报社、新华社、央视等中央媒体报道 40 篇以上,其中 9 篇阅读量达 10 万+;推出"无废亚运"动漫形象"绿芽儿",拍摄"无废亚运"系列动漫片,制作"绿芽儿"表情包,依托公交地铁、灯箱广告、户外大屏等,滚动播放公益广告,让"无废"理念走进千家万户。力推公众参与,发布"无废亚运"公众 10 条,邀请奥运冠军崔文娟等 10 位志愿者现场倡议,引导市民每年减少 10kg 废弃物,并将经验分享给 10 个人。开发"无废亚运"公众参与平台,通过打卡积分、兑换奖品的方式,吸引更多人投身"无废亚运"建设,前两期参与人次已超过 10 万。抓"无废"观赛,将"无废"要求写入观赛须知,为每名购票人推送"垃圾随身带走、分类规范投放"提醒短信,并通过现场广播、字幕、视频等形式,引导现场观众自觉做好垃圾分类,不乱丢一片垃圾。特别是开幕式参加人数多,停留时间长,垃圾产生量较大,通过将氛围道具从充气棒改成手拍等方式减少垃圾产生,并为每名观众准备一个可循环利用且有纪念意义的小背包,便于大家将垃圾随身带走,实现"观众离席、留下一片洁净"。

4. 强化国际传播,全面增强影响力

把杭州亚运会作为展示中国"无废城市"建设成效的重要窗口,面向世界主动发声,讲好杭州"无废亚运"故事。以"无废"行为示范引领,充分考虑亚洲各国差异,将垃圾分类要求写入亚运村指南,在餐厅等公共场所安排志愿者,在垃圾箱上张贴图例,做好事前告知和宣传引导,将垃圾分类"新风尚"传递给每位村民。"无废"文化主动输出,将"无废"理念与传统文化有机结合,利用废木料和竹笋衣等废弃物,精心制作成"无废亚运"加油鸭,深受广大运动员喜爱,成为亚运村"网红";中秋节晚上,组织各国运动员利用矿泉水瓶,制作"无废鱼灯",感受中国特色的"无废"体验。"无废"宣传走向世界,央视《新闻调查》拍摄45min"无废城市,无废亚运"纪实片引发关注,央视外语频道(CGTN)向全世界推出"无废亚运"专题报道,《Xinhua News》《China Daily》等大力传播"无废亚运"故事,新加坡《联合早报》、《海峡时报》、韩国《京畿日报》、马来西亚《东方日报》等外媒广泛报道,"无废亚运"的国际影响力和传播力大幅提升。

6.8.2　取得的成效

杭州市以举办亚运会为契机,借力"无废亚运"创建,全方位加强"无废"理念宣传,使"无废"理念深入人心,资源节约、废物利用、垃圾分类、光盘行动等成为市民自觉习惯。亚运会开闭幕式后观众随身带走垃圾、场馆干净整洁被中新网等媒体广泛报道,充分体现了公众较高的"无废"素养。"无废"故事广为传播,"无废亚运"成为亚运会一道亮丽风景,引发各国媒体的高度关注和广泛报道。如"观众离席、不留一片垃圾","无废亚运"加油鸭一"鸭"难求,这些经典案例成为"无废亚运"走向世界的见证,得到国际奥委会主席巴赫点赞,新加坡国家环境局专程来杭考察学习。"无废亚运"圆满成功、成效显著,并对"无废城市"建设产生广泛而深远的影响。

参 考 文 献

[1] 中华人民共和国生态环境部."无废城市"建设[Z/OL].

[2] 生态环境部固体废物与化学品司,巴塞尔公约亚太区域中心.无废城市建设:模式探索 与案例[M].北京:科学出版社,2021.

[3] 李金惠,卓玥雯."无废城市"理念助推可持续发展[J].环境保护,2019,47(9):5.

[4] 刘国正."无废城市"建设的探索与实践[M].北京:中国环境科学出版集团,2021.

[5] 李永红,丁士能,等.无废城市国际经验研究[M].北京:中国环境出版集团,2021.

[6] 环境保护部科技标准司,中国环境科学学会.固体废物管理与资源化知识问答[M].北 京:中国环境出版社,2015.

[7] 郭燕."零废弃"概念、原则及层次结构管理的研究[J].纺织导报,2014(10):28-30.

[8] 生态环境部宣传教育中心.无废生活从我做起[M].北京:化学工业出版社,2023.

[9] 《无废城市公民读本》编写组.无废城市公民读本[M].北京:科学普及出版社,2022.